# ENQUÊTE AGRICOLE;

## BLÉ; — OUVRIERS; — INDUSTRIE; — NÉGOCE; — PROTECTION; LIBRE-ÉCHANGE; — BALANCE DU COMMERCE; RARETÉ DE L'ARGENT; IMPOTS INDIRECTS; — BOURSE,

Par L.-A. PETIT.

Prix : 2 francs.

ROUEN,

IMPRIMERIE DE F. ET A. LECOINTE FRÈRES,

Rue Saint-Nicolas, 30.

DÉCEMBRE 1866.

## Enquête agricole; — Blé; — Ouvriers; — Industrie; — Négoce; — Protection; — Libre-Échange; — Balance du Commerce; — Rareté de l'argent; — Impôts indirects; — Bourse.

### I.

Depuis deux ou trois ans l'agriculture accuse de grandes souffrances et fait entendre les plaintes les plus vives. Ces plaintes sont devenues si générales, elles ont pris un tel caractère de gravité, que le Gouvernement s'est ému et a cru devoir ordonner une enquête afin d'arriver, s'il y a lieu, à découvrir les causes du mal et les moyens d'y porter remède.

Le programme qui a posé les jalons de l'enquête est très-développé. Nous n'avons pas l'intention de répondre à toutes les questions qu'il renferme: nous nous contenterons d'en examiner quelques-unes, et notamment la situation que le nouveau régime économique a faite à l'agriculture, et même au commerce et à l'industrie.

Une cause réelle de souffrances pour l'agriculture, c'est le manque de bras, l'élévation des salaires et les exigences de plus en plus grandes des ouvriers agricoles pour la nourriture, qui devient ainsi plus coûteuse.

A quelles circonstances attribuer la rareté des bras?

Aux embellissements des villes, qui demandent beaucoup d'ouvriers, et aux travaux de l'industrie, qui augmentent dans des proportions énormes.

Nous ne dirons rien des travaux qui s'exécutent dans nos cités; tout le monde en connaît l'importance.

Quant au travail industriel, les chiffres du commerce extérieur de la

France nous donneront une idée de l'accroissement qu'il prend chaque jour et de la rapidité avec laquelle il se développe.

Voici ce mouvement, importations et exportations réunies :

| | |
|---|---|
| En 1850, il était à.................. | 1,858 millions. |
| En 1855, il s'élevait à.............. | 3,151 |
| En 1860, son chiffre atteignait....... | 4,174 |
| En 1865, nous le trouvons à......... | 5,981 |

Les huit premiers mois de 1866 ont donné plus de 4 milliards.

Comme on le voit, la progression continue et se maintient invariablement.

La quantité de bras réclamés par l'industrie et le commerce doit donc aller en augmentant. Il est vrai qu'il convient de faire la part des machines dans cet accroissement de production ; mais les machines ne peuvent pas tout faire : les bras contribuent pour beaucoup à l'exécution de tous les travaux, de sorte qu'ils sont de plus en plus demandés. Cet état de choses amène une élévation marquée dans les salaires et a pour conséquence de priver l'agriculture d'un certain nombre des ouvriers qui lui sont nécessaires.

Néanmoins, ce ne sont pas précisément les domestiques agricoles qui font défaut. Des domestiques on en trouve encore assez, seulement il faut élever les prix et nourrir mieux. Ce qui manque surtout ce sont les ouvriers que l'agriculture n'emploie que d'une manière intermittente, tels que moissonneurs, journaliers, planteurs et batteurs de colza, sarcleuses, faneuses, travailleurs de toute sorte, dont elle n'a besoin que pendant quelques jours à certaines saisons de l'année.

Autrefois, et dans un passé qui n'est pas encore loin de nous, les petites industries lui fournissaient ce supplément d'ouvriers. Depuis quelque temps il lui devient de plus en plus difficile de s'en procurer, et ceux qu'elle obtient exécutent moins de travail que ne faisaient leurs devanciers, tout en étant mieux nourris et mieux payés.

Le grand mouvement commercial et industriel auquel nous assistons nuit donc aux intérêts agricoles, puisqu'il enlève à l'agriculture des ouvriers auxquels elle ne peut suppléer ni par des instruments ni par des machines.

Il résulte de ces circonstances que beaucoup de travaux champêtres sont exécutés plus lentement, dans des conditions plus mauvaises et à plus grands frais, ce qui détermine la diminution de la production dans certaines régions et arrête son développement dans certaines autres.

Si tous les travaux accomplis par les bras enlevés à l'agriculture étaient des travaux avantageux à la société, des travaux dont l'utilité fût bien établie et dont les consommateurs retirassent un profit réel, il faudrait s'incliner devant la nécessité et accepter les faits tels qu'ils se manifestent, sans chercher à réagir contre eux. Mais il n'en est pas ainsi. Le premier besoin de l'homme, c'est d'être nourri. Or, de quel côté se dirigent toutes les forces vives du pays? Elles s'appliquent à l'industrie et aux productions qui ont principalement pour objet le vêtement, le logement, l'ameublement et la décoration de nos personnes et de nos demeures. Que de choses, produites chaque jour, dont la destination n'est pas même connue du plus grand nombre des personnes qui les aperçoivent aux vitrines de nos boutiques! On crée sans relâche des choses de fantaisie qui n'ont qu'une existence éphémère, parce que, produites pour satisfaire à certains caprices, elles sont bientôt rejetées pour un autre caprice. Parcourez les rues de nos grandes villes : que d'objets complètement inutiles aux besoins sérieux de l'homme et à son confort n'apercevez-vous pas dans ces nombreux et brillants magasins qui rivalisent de faste et d'éclat. Pour ce qui concerne la toilette, quelle perte par suite des changements incessants de la mode; tous ces riens qui sont inutiles, tous ces objets d'habillement et d'ajustement qui durent si peu et qui pourraient très-bien servir un peu plus de temps, tout en demeurant frais et convenables, exigent beaucoup de travail et réclament, par là même, un grand nombre de bras.

Et le blé, pense-t-on à sa production? Les œufs, le beurre, la viande, considère-t-on s'il reste assez de travailleurs pour qu'ils puissent arriver sur nos marchés en quantité suffisante? Nous savons bien que quand ces produits sont exposés dans les magasins, ils n'ont rien de bien séduisant. Le marché le plus désagréable à voir est le marché aux farines, et les autres denrées agricoles n'ont rien de fort réjouissant pour les yeux. Il faut pourtant que les populations soient nourries. Elles peuvent retarder de quelques années l'embellissement de leur demeure, elles peuvent étendre la durée d'un vêtement, mais le besoin de nourriture est toujours là, pressant, impérieux, ne pouvant ajourner au lendemain le moment où il sera satisfait. Le travail agricole qui a pour objet principal de produire les denrées alimentaires, est donc un travail de première nécessité; le travail industriel, par rapport à lui, n'est que secondaire. Le travail industriel a, néanmoins, une très-grande importance, quand il a pour objet de satisfaire aux besoins réels de l'homme; mais cette importance disparaît quand il s'applique à des choses dont l'utilité est très-douteuse. Le travail doit d'abord avoir pour but les choses nécessaires, les choses qui procurent l'aisance, le bien-être, le confortable ; les inutilités, les riens, les superfluités, ne doivent être produites que par surcroît, mais il ne faut pas que leur production se fasse aux dépens des choses dont on ne peut se passer.

Les denrées alimentaires sont, pour les hommes, des choses de première et d'absolue nécessité ; il importe aux Gouvernements d'observer la marche de leur production et de la favoriser, autant qu'il est possible, lorsque les circonstances l'exigent.

Les lois économiques d'un pays devraient donc être établies de telle sorte que le nombre des travailleurs qui demeurent attachés à la terre, soient toujours en quantité suffisante pour subvenir aux besoins de la culture et, s'il y a lieu, à l'alimentation des habitants.

Le mouvement commercial et industriel entraîne les nations ; si elles n'y prennent garde, elles seront un jour affamées, parce qu'elles auront négligé la production alimentaire. Au train que vont les choses, il est à craindre que la situation que nous signalons ne tarde pas à se manifester. S'écoulera-t-il dix, quinze ou vingt ans ? Nous ne savons. Quinze ou vingt ans ne comptent guère dans la vie des peuples et, à l'époque où nous vivons, les transformations s'opèrent avec une telle rapidité, les faits s'accomplissent d'une manière si subite et si soudaine, que le phénomène que nous redoutons pourrait survenir avant l'expiration du terme que nous venons d'assigner.

Sans doute on regardera nos craintes comme chimériques et on les considèrera comme de vaines utopies. Ceux qui liront ces lignes ne pourront, sans aucun doute, les parcourir sans laisser échapper un sourire de pitié à l'adresse de l'homme qui aperçoit la disette et la famine quand on a déclaré, cette année encore, que le pays produit trop de céréales et quand on lui conseille de les réduire. (1)

Cette perspective ne nous effraie en aucune manière, et la majorité des lecteurs pourra bien être de notre avis lorsque nous aurons indiqué certains faits dont l'existence est généralement peu connue, et que nous aurons dégagé de ces faits les conséquences qui doivent en découler naturellement.

A l'appui de l'opinion que nous avons exprimée sur la rareté probable, nous dirons même sur la disette certaine des denrées alimentaires, et cela dans un avenir qui peut être plus prochain qu'on ne le suppose, si le mou-

(1) Voir les débats qui ont eu lieu cette année 1866, au Corps législatif, sur la situation de l'agriculture et la production des céréales.

vement commercial et industriel continue toujours sa marche en avant, nous citerons une page que nous empruntons à M. Michel Chevalier. Elle n'est pas écrite d'hier ; elle date de 1850. Voici comment s'exprime le célèbre économiste (1).

« Le pays (dit-il en parlant de l'Angleterre), faisait des exportations en blé ; il les réduit, puis il les cesse, et à la longue il finit par être forcé d'en importer. Telle est l'histoire de l'Angleterre. Il y a un siècle c'était un des pays du monde d'où le froment s'exportait le plus régulièrement ; ensuite, de 1770 à 1790, elle se suffisait à peu près, balançant les importations d'une année par les exportations d'une autre ; aujourd'hui elle est devenue le principal centre vers lequel de toutes parts on dirige les excédants qu'on a de cette denrée. L'histoire des Etats-Unis offre d'un certain point de vue une gradation analogue. Si l'on envisage séparément les anciens états, les treize ci-devant colonies qui proclamèrent et conquirent l'indépendance, on y retrouvera la succession des trois mêmes phases du commerce des grains, l'exportation, l'équilibre, l'importation.

« Aux Etats-Unis, autrefois, chaque état se nourrissait par ses propres ressources en grains, et produisait à peu près son propre froment en particulier. Il n'en est plus de même aujourd'hui. Pris en masse, les anciens états qui bordent l'océan Atlantique, depuis la Nouvelle-Ecosse jusqu'à la pointe de la Floride, ont cessé de subvenir à la totalité de leurs besoins alimentaires. Les états de la Nouvelle-Angleterre, qui sont les plus septentrionaux de cette belle chaîne, se sont couverts de manufactures ; le New-York, justement nommé l'état-empire, non moins pour l'esprit d'intelligente centralisation qui le distingue que pour la puissance de son commerce et de ses capitaux, a fait de même. La Pensylvanie, profitant des beaux gisements de charbon et de fer et des innombrables chutes d'eau dont l'a dotée la nature, a ouvert aussi de nombreux ateliers. Le Maryland, son voisin, est pareillement devenu manufacturier. Dans les états du Sud, on est resté beaucoup plus agriculteur, mais on a cessé de l'être aussi exclusivement, ou l'on s'est livré aux cultures qu'on peut appeler commerciales, tandis qu'à l'origine l'ambition de chaque famille, là comme au Nord, se bornait à peu près à vivre sur son domaine : l'exploitation du sol a été tournée, autant qu'on l'a pu, vers la production du tabac, et bien plus encore vers celle du coton ou même du sucre. Dans toutes les parties de l'Union, la population urbaine s'est multipliée plus que la population des

(1) *Cours d'économie politique*, 3e *vol. Monnaie.*

campagnes. En 1790, plusieurs années après l'indépendance, il n'y avait dans toute l'Union que trois villes de plus de 20,000 âmes, et Philadelphie, qui avait le premier rang, était à 44,000 seulement. On y compte aujourd'hui cinq villes de plus de 100,000 âmes, et New-York, avec les communes attenantes de Brooklyn et de Jersey-City, doit présentement approcher de 500,000. En 1790, la population totale étant un peu au-dessous de 4 millions, celle des six plus grandes villes du littoral, réunies aux huit principaux centres de l'intérieur, ne montait qu'à 135,000; c'était la proportion du trentième. En 1840, sur un total de 17 millions d'âmes, les mêmes quatorze localités allaient à 1,050,000; c'est environ le seizième. Si l'on prend l'ensemble des villes, on trouve que, dans la période décennale de 1830 à 1840, la population urbaine a passé de la proportion du quatorzième à celle du huitième. Dans les six états de la Nouvelle-Angleterre pris isolément, elle était même parvenue, en 1840, au tiers. Dans les états du littoral compris entre la Nouvelle-Angleterre et le Potomac, c'est-à-dire dans le New-York, le New-Jersey, la Pensylvanie, le Maryland et le Delaware, elle était montée au cinquième. Ce mouvement ne s'est pas ralenti depuis 1840; le prochain recensement le montrera.

« Le progrès de la population urbaine et celui de l'industrie manufacturière, qui s'est développée parallèlement dans les états du littoral, ont amené naturellement et sans secousse, dans le sein des Etats-Unis, le changement contre lequel l'Angleterre se débattait vis-à-vis de l'étranger depuis 1815, et que sir Robert Peel a consacré définitivement en 1846 par l'abolition de la législation restrictive sur les céréales. Les états du littoral américain ont reçu des grains de l'intérieur, non-seulement pour commercer avec l'étranger, mais pour leur propre consommation. La farine qui de New-York est expédiée en barils à Londres et à Liverpool, dans les Antilles, à Rio-Janeiro et à Lima, n'est pas la seule qui y ait été envoyée des états de l'ouest; une partie de la farine même qu'on mange à New-York a désormais cette origine extérieure à l'état. Il en est ainsi, à bien plus forte raison, de celle dont est fait le pain des habitants de Boston. Dès 1840, on calculait que les six états de la Nouvelle-Angleterre, absorbaient 2 millions d'hectolitres du froment produit dans les états de l'ouest, contre 725,000 qu'ils récoltaient eux-mêmes. Le groupe des états du sud, qui en proportion consomme moins de froment, parce qu'il a une nombreuse population esclave ne mangeant que du maïs, puisait cependant à la même source plus abondamment. Pris en bloc, les cinq états intermédiaires entre la Nouvelle-Angleterre et le Potomac, et avec eux la Virginie, qui, parmi les états situés au midi du Potomac, se distingue par une plus forte production de froment, avaient cessé d'être en position d'en exporter. Aujourd'hui, année moyenne, ils en tirent de l'ouest pour leur propre consommation.

« En 1836, la quantité de blé-froment et de farine que les états de l'ouest amenaient au canal Érié, afin de la jeter sur le marché de New-York, était de 22,894,000 kilogrammes. En 1843, elle était plus que sextuplée, soit de 142,810,000 kilogrammes. C'est quatre fois l'exportation dirigée de New-York vers les pays étrangers et à peu près moitié en sus de l'exportation totale des Etats-Unis. Donc les trois quarts des blés et des farines que les états de l'ouest expédient à New-York servent à sustenter les états du littoral. Une autre portion de la production de l'ouest se dirige sur la Nouvelle-Orléans, qui remplit le même rôle que New-York : elle distribue entre les autres états de la confédération une partie des productions de l'intérieur, et elle envoie le reste à l'étranger.

« Comme la culture, dans les régions de l'ouest, empiète sans cesse sur les forêts primitives, la production en froment augmente toujours aux Etats-Unis. Elle était de 6,200,000 hectolitres en 1790. Dix ans après, elle était passée à 8,000,000. A la fin des périodes décennales suivantes, elle était de 11 millions, de 13, de 18. En 1840, elle s'élevait à 29; elle est aujourd'hui d'environ 40 millions. Les excédants exportés ne suivent pas, à beaucoup près, la même marche. C'est à peine s'ils croissent, absolument parlant; comparativement à la récolte, ils vont donc en diminuant. Ils en représentaient les 28 centièmes en 1790; à l'expiration de la période décennale suivante, c'est 15 p. 100; dix ans après, on tombe à 12. En 1840, on est remonté à 14, parce que la récolte de 1839 avait été extrêmement abondante; mais ensuite la proportion s'est abaissée à 7 et à 6 p. 100, et on vient de voir pourquoi. La sortie du blé des Etats-Unis a été moyennement, pendant les quatorze années, du 1er janvier 1831 au 1er janvier 1845, de 2,000,000 hectolitres; mais, déduction faite des importations, car pendant cette période l'Amérique a été une fois dans la nécessité de puiser au dehors, l'*inondation* de l'univers par les blés d'Amérique, que quelques personnes ont pris la peine de pronostiquer, se réduit à une exportation moyenne de 1,840,000 hectolitres. Le maximum a été de 4,070,606 hectolitres, c'était en 1840. Les quatre premières années de cette période présentent une moyenne de 2,078,000 hectolitres. Les quatre dernières ne vont, moyennement, qu'à 2,539,000. Ce n'est guère qu'un cinquième de plus; ainsi, à en juger par cet intervalle de quatorze ans, la progression est très-lente. Elle le paraît bien plus, si l'on compare aux quatorze années que nous venons d'embrasser un égal laps de temps à partir de 1790. On trouverait que les moyennes des deux périodes se ressemblent, à 213,000 hectolitres près. »

L'Angleterre exportait donc des blés avant 1770. A partir de ce moment jusqu'à 1790, elle se suffisait à elle-même. On sait quelle quantité de ce produit elle demande maintenant chaque année à l'importation.

Quel spectacle nous offrent les Etats-Unis? Nous voyons la population urbaine se multiplier beaucoup plus rapidement que la population des campagnes, l'exploitation du sol se tourner de plus en plus vers les cultures commerciales, la quantité relative de blé exportée diminuer graduellement. M. Michel Chevalier nous dit que, comparativement à la récolte, les excédants exportés vont en diminuant et qu'ils sont descendus de 28 p. 100 où ils étaient en 1790, à 7 ou à 6 p. 100 entre 1840 et 1846. Néanmoins, dans les régions de l'ouest, on peut toujours conquérir des terrains nouveaux sur les forêts primitives et augmenter la production en froment; mais pour cela il faut des ouvriers agricoles, et nous voyons que la population industrielle s'accroît dans ces contrées beaucoup plus vite que la population qui se livre au travail des champs.

Depuis 1850, le mouvement industriel et commercial s'est développé de plus en plus de l'autre côté de l'Atlantique. On s'y achemine à grands pas vers la seconde des trois phases que parcourt le commerce des grains, c'est-à-dire vers l'équilibre. En présence de pareils événements, n'est-il pas à craindre que l'Europe, qui comptait autrefois sur l'Amérique pour obtenir des suppléments à son alimentation, quand ses blés ne suffisaient pas, n'y trouve bientôt plus les secours qu'elle croirait pouvoir en attendre.

Telle est la marche que suivent, d'une part, la production alimentaire, et de l'autre part, la production industrielle. Dans certains états même la première a une tendance à diminuer à mesure que la seconde se développe en enlevant à sa rivale les travailleurs dont elle a besoin.

En France, les choses se passent comme aux Etats-Unis; les ouvriers agricoles abandonnent les campagnes pour les villes, le travail des champs pour celui de l'industrie proprement dite; la production du blé devient de plus en plus coûteuse et elle a une tendance à diminuer dès que les prix cessent d'être rémunérateurs. Nous n'avons pas pour supplément, comme aux Etats-Unis, de vastes terrains doués d'une fécondité merveilleuse et qui donnent d'abondantes récoltes; tenons-nous pour bien avertis.

Nous avons dit que les populations, en dirigeant principalement leurs efforts vers l'industrie et le commerce, se préparent des jours mauvais, et qu'elles seront un jour affamées si elles n'y prennent garde. A l'heure où nous parlons, la disette ne les menace pas encore. Le contraire même a paru se manifester pendant quelque temps, grâce à l'établissement du libre-échange et à la suppression de l'échelle mobile. Le nouvel état économique auquel est soumise l'agriculture française a amené passagèrement la baisse des blés. L'agriculture ne se trouvait plus assez rémunérée pour continuer sa production en céréales dans des conditions convenables. L'argent lui manquait et sa production diminuait, bien qu'on ait affirmé le contraire en s'appuyant sur des bases erronées. Les faits qui se passent aujourd'hui établissent suffisamment que les excédants n'étaient pas aussi considérables qu'on le croyait. Une rémunération suffisante manquait donc à l'agriculture ; c'était un déficit à ajouter à celui qu'occasionnait l'absence de travailleurs et l'augmentation des salaires. Le blé a été à bon marché pendant quelques années ; il pourra encore être à bon marché pendant quelque temps. Sous l'influence du bas prix et en présence de la rareté des bras et de la hausse des salaires, la production de la France diminuera. Il nous faudra demander des suppléments à l'étranger. Mais un beau jour nous apprendrons que la Russie, que l'Espagne, que l'Egypte, sur lesquelles nous comptions, et qui nous fournissaient ce qui nous manquait dans les années de rareté, ne produisent plus que pour elles, parce que, comme la France, comme l'Angleterre, comme les Etats-Unis, elles sont devenues de moins en moins agricoles pour se tourner de plus en plus vers l'industrie qui procure, à ceux qui s'en occupent, des bénéfices plus réguliers, plus certains, plus élevés que ceux que l'agriculture donne à ceux qui se livrent aux travaux des champs. D'ailleurs, les agriculteurs de ces contrées, favorisés par les chemins de fer et les nouvelles voies de communication qui tendent à s'établir partout, dirigeront de plus en plus leurs efforts vers les cultures commerciales. Cette transformation n'est-elle pas déjà en voie de s'accomplir en Algérie, en Egypte, où, depuis quelques années, on cultive les plantes industrielles sur une échelle qui prend chaque jour un nouveau développement. La Turquie, elle-même, secouera son long sommeil léthargique et deviendra industrieuse. Les peuples qui alimentent aujourd'hui, avec leur trop plein de céréales, les nations qui ont accidentellement besoin de cette denrée, en deviendront de moins en moins exportateurs. Ils arriveront à l'équilibre pour obtenir chaque année des prix normaux qui les rémunèrent suffisamment.

Un malheur pour l'agriculture, c'est que dès que ses produits sont trop abondants, leurs prix s'avilissent d'une manière fâcheuse. Ses efforts tendront donc de plus en plus à se rapprocher de l'équilibre, pour éviter une surabondance qui lui est funeste. Dans ces conditions, imaginez que, à un moment où personne ne s'attendrait à un pareil état de choses, une disette vienne à se déclarer tout-à-coup dans trois ou quatre grands Etats, quel triste réveil! On vient de voir l'effet qu'a produit le fusil à aiguille. La France était la première nation militaire de l'Europe. On parle aujourd'hui, pour qu'elle puisse conserver son rang, de porter de 500,000 à 1,000,000, l'effectif de son armée, et de munir nos soldats de l'arme redoutable dont la Prusse s'est servie avec tant de succès. Que nous sommes loin des projets de désarmement et de réduction du chiffre des armées des différents Etats européens qu'on agitait les années passées, et peut être encore au commencement de cette année 1866! L'effet que produirait une famine générale serait bien autre; et si la France peut sortir impunément de la situation nouvelle que lui ont faite l'armement et les victoires de la Prusse, il y aurait quelque témérité à affirmer qu'elle ne souffrirait pas davantage d'une disette ou même d'une simple cherté de céréales. Nous savons bien qu'on affirme qu'avec le télégraphe électrique, les bateaux à vapeur, les chemins de fer, les blés arriveront à point. On ajoute qu'une rareté universelle n'est d'ailleurs pas à craindre. Ceux qui raisonnent ainsi, ne voient qu'un côté de la question; ils ne voient qu'une partie des faits accomplis dans le passé, et ils ne jugent que d'après les faits qu'ils ont observés. Autrefois, certains pays produisaient toujours du blé avec excès et se trouvaient heureux d'avoir à approvisionner les contrées où une disette se faisait sentir. Mais il n'en sera plus ainsi dans un avenir prochain. Tous les peuples marchent rapidement dans la voie de l'industrie et, en tous pays, l'agriculture dirige chaque jour davantage ses forces vers la culture des denrées commerciales. Voilà ce que nous enseignent les faits qu'on ne veut pas ou qu'on ne sait pas remarquer. Au commencement de cette année encore, ne conseillait-on pas à ceux qui exploitent notre sol et qui se plaignaient du bon marché des céréales de demander à d'autres produits des prix plus rémunérateurs?

L'industrie, c'est de ce côté que les peuples dirigent aujourd'hui leurs efforts. Quelques nations sont encore en retard; mais le mouvement commercial que le percement de l'isthme de Suez déterminera dans la Méditerranée, amènera les peuples qui sont assis sur ses bords, à y prendre une part active. L'Egypte, la Turquie, la Russie, la Hongrie, l'Algérie, l'Espagne même, deviendront industrielles et commerçantes. Leurs ouvriers agricoles abandonneront la terre, jusqu'à ce que la terre les récompense comme l'industrie rémunère ses travailleurs; et puis, on fera des cultures industrielles. On pratiquera dans ces pays ce qu'on a fait en Angleterre, en France, aux Etats-Unis. On y trouvera, comme le dit M. Michel Chevalier, la succession des trois phases du commerce des grains : l'exportation, puis l'équilibre, puis, peut être pour certaines, un jour l'importation. Mais alors à quelles nations pourra-t-on s'adresser pour trouver des suppléments ?

Aux objections qu'on voudrait faire à ces affirmations, nous répondrons par le raisonnement de l'économiste distingué dont nous venons de mentionner le nom. Il nous paraît difficile de le combattre. Rien n'est lumineux comme les faits, et c'est à leur flambeau que les nations doivent s'éclairer pour se diriger dans leur marche.

On ajoutera : s'il en doit être comme vous dites, l'agriculture sera favorisée, car si les produits alimentaires deviennent plus rares, ils seront un jour plus chers ; elle sera donc suffisamment rémunérée.

Cela est vrai jusqu'à un certain point ; mais qui la mettra à l'abri de la détresse, de la misère ou de la ruine, pendant les années de transition, si elle n'est pas protégée ? Dans quel état sera-t-elle quand la rareté et la hausse des prix que nous annonçons viendront à se produire ? La terre aura-t-elle conservé partout la fécondité qu'elle avait acquise ; les moyens de production seront-ils suffisants ? Les cultivateurs qui font valoir de bonnes terres auront pu tenir, mais il est certain que ceux qui en exploiteront de mauvaises auront depuis longtemps succombé. Alors que deviendra la population, si la production intérieure ne peut plus suffire ordinairement à son alimentation, et si les blés qu'on demandait jadis à l'importation dans les temps de détresse, cessent d'arriver en quantité convenable, ou n'arrivent qu'à des prix de famine ?

Il faut donc qu'on protège l'agriculture pour qu'elle puisse maintenir sa production et surtout la production alimentaire.

En réclamant la protection en faveur de l'Agriculture, il ne faut pas qu'on croie que nous voulons qu'une classe quelconque de la société soit favorisée aux dépens des autres classes. Cette protection nous la demandons, parce que nous la croyons aussi utile, sinon plus utile, à la nation tout entière qu'aux cultivateurs eux-mêmes. Toutes les classes de la société vivent de pain. Or, nous voulons une chose d'abord : le pain en suffisante quantité ; puis, un prix rémunérateur pour ceux qui le produisent. Quel doit être ce prix ? Nous n'en savons trop rien ; cependant nous estimons que, aujourd'hui, il devrait être de 22 à 26 fr. l'hectolitre en moyenne. Nous voulons un prix qui rémunère suffisamment le cultivateur afin qu'il ne soit pas conduit à abandonner la culture des céréales. Le bon marché du pain ne nous séduit pas, si ce bon marché ne doit durer que pendant quelque temps pour nous faire arriver, plus tôt qu'on ne s'y attendrait peut-être, à la rareté, à la disette et aux prix élevés. Le peuple lui-même, la classe ouvrière, n'a pas intérêt au trop bon marché du pain, si ce bon marché ruine l'agriculture. Ce qu'il faut à tous, producteurs de céréales et consommateurs, c'est un prix convenablement pondéré qui permette à tous de vivre. Les années 1853, 1854, 1855, 1856 et même 1857, ont établi que la classe ouvrière peut payer le pain, même un peu cher, quand le travail est abondant et bien rémunéré. Nous ne demandons pas les prix de cette période ; loin de nous une pareille pensée. Nous ne les rappelons que pour établir que le pain peut être porté à un prix suffisamment rémunérateur pour l'agriculture, sans que la société en souffre trop ; et puis, nous élevons la nécessité de procurer à ceux qui cultivent les denrées alimentaires, et surtout le blé, une rémunération suffisante, à la hauteur d'un intérêt social. Nous voulons du pain, et, autant que possible, du pain produit par le sol français, parce que nous craignons que les blés étrangers cessent de nous arriver en quantité suffisante. Quand on éprouverait les horreurs de la faim, il serait trop tard de regretter de ne pas avoir donné, lorsqu'il en était temps, à l'agriculture qui souffrait, une protection qu'elle réclamait à grands cris et dont elle avait un besoin réel.

Il faut à l'agriculture une protection quelconque pour quelques-uns de ses produits, comme les laines, les colzas et les blés.

Il faut aussi la protéger contre l'envahissement du travail industriel pour qu'elle puisse se procurer les ouvriers qui lui sont nécessaires. On peut arriver à ce résultat en imposant, dans une certaine mesure, les matières premières qui nous viennent de l'étranger, afin que ces matières n'arrivent pas en trop grande quantité sur nos marchés, parce que, plus elles seront abondantes, plus les travailleurs qui se livrent à la culture des champs deviendront rares, et plus la production agricole diminuera.

La nécessité d'imposer les matières premières étrangères entraîne celle d'établir ou de maintenir un droit sur les produits manufacturés ayant la même origine.

L'agriculture a besoin de prix rémunérateurs qui lui permettent d'améliorer la terre et de développer la production ; il lui faut, de plus, des ouvriers en quantité suffisante et dans des conditions convenables pour qu'elle puisse exécuter ses travaux d'une manière utile et avantageuse.

L'agriculture est, pour un pays, sa première source de richesse ; elle satisfait aussi à ses besoins essentiels ; ne l'oublions pas.

Il sera trop tard de l'encourager et de la protéger quand la rareté de ses produits se fera sentir. Nous savons bien qu'on nous dira que les encouragements ne manquent pas à l'agriculture ; soit, mais pour nous le principal et le seul encouragement qu'il lui faille, c'est la protection.

On a beaucoup crié contre l'échelle mobile ; certes ce mécanisme peut offrir quelques inconvénients, mais comment arriver à l'établissement de droits plus rationnels ? Quel résultat obtiendra-t-on avec un droit fixe, avec un droit invariable à l'entrée et à la sortie, avec un droit qui sera le même quand le blé descendra à quinze francs l'hectolitre ou quand il montera à quarante. Quel sera ce droit? S'il est trop faible, il n'empêchera pas les blés d'entrer même quand ils seront à bas prix, comme ils ne les empêchera pas de sortir lorsqu'ils seront à un prix élevé, si l'Angleterre ou quelque autre nation nous en demande. Si, au contraire, ce droit est fort, il pourra mettre un obstacle à la sortie de nos céréales lorsqu'elles seront chères, mais d'un autre côté il nuira à cette sortie lorsqu'elles seront à bon marché. Ce n'est pas tout : un droit d'une certaine élévation ajoutera encore dans les temps de disette, au prix des blés importés, qui sont déjà passablement chers dans ces moments-là. Comment s'y prendre alors? Il faut cependant opter entre la liberté et la protection. On dit qu'avec la liberté, l'agriculture souffre et est menacée de succomber ; s'il en est ainsi, il faut donc de la protection. Les libre-échangistes, eux-mêmes, sont d'avis de lui en accorder un peu. Nous supposons donc que l'agriculture va être protégée. Comment le sera-t-elle et dans quelle mesure? Est-ce au moyen d'un droit fixe, ou d'un droit gradué comme l'admettait l'échelle mobile ? Le droit fixe ne signifie rien s'il est insuffisant, et il peut offrir des inconvénients graves s'il est trop élevé. L'établira-t-on élevé, sauf à l'abaisser dans les moments de disette intérieure ? Mais c'est le retour à l'échelle mobile. L'établira-t-on bas ? Mais suffira-t-il à l'agriculture et pourra-t-il empêcher la sortie de nos blés dans un temps de disette générale et quand nous-mêmes nous en aurions besoin pour notre propre alimentation? Comme on le voit, la question n'est pas aussi simple que l'admettent les libre-échangistes. Le retour à l'échelle mobile peut présenter des difficultés, mais où trouver un meilleur moyen ?

Cependant il y a quelque chose à faire, et les libre-échangistes le reconnaissent eux-mêmes. On sait quelle est à cet égard l'opinion de M. Léonce de Lavergne, qui fait autorité dans le camp des partisans de la liberté commerciale.

N'est-on pas étonné de rencontrer dans cette question des blés M. Léonce de Lavergne en parfaite communion d'idées avec les protectionnistes ? M. Léonce de Lavergne reconnaît donc que la protection est nécessaire aux céréales, puisqu'il demande qu'on grève à l'entrée les blés exotiques d'un droit quelconque.

Ici les libre-échangistes nous feront une objection et nous diront que M. Léonce de Lavergne ne réclame pas le rétablissement d'un droit protecteur, mais bien qu'il demande que les blés étrangers qui entrent en France et qui profitent de nos ports, de nos routes, de nos chemins de fer, de nos canaux, paient une contribution égale, ou à-peu-près égale, à celle que paie notre agriculture pour l'entretien de ces mêmes voies de communication et de ces mêmes ports. On appelle cela un droit de balance; au fond c'est une véritable protection.

Voilà ce qu'on dit au nom de M. Léonce de Lavergne, et c'est ce qu'il dit lui-même. Mais vraiment est-ce là un raisonnement sérieux? Si une chose nous étonne, c'est qu'il ait été tenu par le savant académicien. Quoi, vous voulez que les blés étrangers qui sont importés en France paient une contribution quelconque! A quel résultat aboutirez-vous avec ce système? Est-ce que, en compensation, les blés français ne seront pas obligés de payer un droit identique lors de leur importation dans les états voisins? Il n'y a donc pas lieu d'établir le droit dont parle M. Léonce de Lavergne, du moins pour les raisons qu'il indique. Le plus simple est de n'établir aucune contribution ni de part ni d'autre, puisque les avantages sont réciproques. La France a même avantage à ne pas établir ce genre d'impôt, car le chiffre de ses exportations est, régulièrement, supérieur à celui de ses importations. Néanmoins, il ressort de là que M. Léonce de Lavergne admet qu'il faut frapper les blés étrangers d'un droit plus ou moins fort à leur entrée en France. Ce droit n'est donc rien autre chose qu'un droit protecteur, peu importe le nom sous lequel on cherche à le dissimuler. M. Léonce de Lavergne et ses partisans auront beau vouloir s'en défendre, ils n'y parviendront pas.

Nous avons parlé de l'établissement d'un droit fixe à la sortie. M. Léonce de Lavergne ne le demande pas. Mais pourquoi ne demanderait-on pas que ce droit fût établi ? Aujourd'hui, le blé est à bon marché et l'on réclame un droit fixe pour protéger l'agriculture ; mais si dans un an cette céréale est à 40 francs l'hectolitre, pourquoi n'en pas prohiber, ou du moins pourquoi n'en pas entraver la sortie ? Qui pourrait affirmer que le blé ne reviendra pas à 40 francs l'hectolitre, peut-être même à un prix plus élevé, et que, dans ces conditions, l'Angleterre ne nous en enlèverait pas de grandes quantités. Nous sommes ainsi organisés en France : nous ne voyons que les faits présents et nous jugeons d'après eux. Depuis quelques années le prix du blé est bas et l'on paraît croire que, grâce au libre-échange, il ne remontera jamais. Dans la période de 1853 à 1857, il fut à des prix très-élevés, et l'on croyait qu'on ne le reverrait plus jamais à bon marché, parce qu'on attribuait l'élévation de ces prix à la dépréciation de l'or. Les événements qui se sont accomplis depuis dix ans ont fait justice de cette étrange et ridicule affirmation relative à l'avilissement des métaux précieux. Les faits qui se sont produits depuis 1857 ont établi que le blé ne devait pas toujours se maintenir à des prix élevés ; l'avenir prouvera qu'il n'est pas à bon marché pour toujours. Quoiqu'il en soit, il était à bas prix dans les huit premiers mois de cette année et pendant les années antérieures. Aussi, a-t-on cru qu'il était nécessaire de protéger un peu l'agriculture par l'établissement d'un droit. Puisque l'on fait tant, nous trouvons qu'on doit demander aussi la création d'un droit à la sortie. Du temps de l'échelle mobile, quand le prix des blés s'élevait outre mesure et que l'exportation devenait trop considérable ou menaçait de devenir trop considérable malgré les droits qui devenaient impuissants, on suspendait la loi et on allait jusqu'à prohiber la sortie. Cela était logique sous l'empire du régime protecteur ; mais croyez-vous donc que si une rareté de céréales avait lieu en France et que, si nos blés, quoiqu'arrivés à des prix exorbitants, sortaient néanmoins pour aller nourrir la population britannique, on ne prohiberait pas la sortie malgré le libre-échange? Pour nous, nous n'hésitons pas à croire que, en présence d'une telle situation, on s'élancerait, d'un seul bond, du régime de la liberté commerciale en pleine prohibition. Les libre-échangistes n'ont pas encore vu leur système appliqué dans toutes les phases que traversent les sociétés. L'expérience leur manque pour qu'ils puissent dire ce qu'ils feraient sous l'aiguillon de la nécessité. N'avons-nous pas vu des royalistes et des républicains, pressés par les circonstances, renier leurs principes? Ainsi feraient les partisans du libre-échange en présence de besoins impérieux.

## II.

Nous avons parlé du mouvement commercial et industriel, ainsi que de la nécessité de régler, jusqu'à un certain point, sa marche, afin qu'il s'établisse nn équilibre raisonnable entre les ouvriers qu'il lui faut et les travailleurs que réclament les besoins de l'agriculture.

Le commerce et l'industrie n'auraient-ils pas eux-mêmes un avantage évident à l'établissement de cet équilibre et à un peu de protection ? Leur extension, toujours plus grande et dans les conditions où elle se produit, compense-t-elle suffisamment les dommages que nous accusons cette extension de causer à l'agriculture ? Compense-t-elle même les sacrifices que l'industrie et le commerce s'imposent, et les pertes qu'ils éprouvent depuis que le régime de la liberté a été substitué, en partie, au système protecteur ?

Nous ne le pensons pas.

Voyons si les faits donnent raison à l'opinion que nous venons d'exprimer.

Ces faits, nous les étudierons en examinant les résultats de la balance commerciale en numéraire, ainsi que la marche de nos impôts indirects et les phénomènes qui se sont manifestés à la Bourse depuis un certain nombre d'années.

Commençons par la balance ; mais avant de constater les résultats qu'elle a offerts, donnons un mot d'explication sur la valeur du numéraire.

On doit admettre que la monnaie et les métaux précieux sont le seul produit durable, et que la plus grande partie des autres produits est façonnée en vue de ces métaux qui servent, seuls, à la réalisation des économies faites en vue de l'avenir.

Demandez à ces grands industriels et à ces riches négociants qui ont déjà des revenus considérables, ce qu'ils recherchent pour rémunération de leur travail. Ils vous répondront qu'ils veulent de l'or ponr accroître leur fortune et non des produits divers, parce que les produits divers, quels qu'ils soient, s'altèrent avec rapidité, tandis que les métaux précieux se conservent indéfiniment et permettent, seuls, de constituer des fortunes durables.

Cela étant, il est clair que si un homme veut s'enrichir, il faut qu'il produise plus qu'il ne consomme, et qu'il obtienne en échange de ses excédants de production, non d'autres produits qui ne se conserveraient pas plus que les siens propres, mais bien de l'or ou de l'argent, une portion quelconque de métal précieux.

Que, si un homme s'enrichit en produisant plus qu'il ne consomme et en échangeant ses excédants contre de l'or, un peuple qui, à bien prendre les choses, n'est qu'une agglomération d'hommes, doit vendre aussi aux autres peuples plus qu'il ne leur achète et obtenir en retour de ses excédants de production, non des produits de telle ou telle nature qui seront avariés ou anéantis dans un an, dans dix ans, mais du métal précieux, qui demeure incorruptible et inaltérable pendant des siècles.

Effectivement, l'homme qui travaille ne propose-t-il pas à ses efforts un double résultat? Vivre d'abord en consommant une partie de ses produits et en en échangeant une partie contre les autres produits dont il a besoin et qu'il ne crée pas, avec la monnaie comme intermédiaire; puis, faire des économies durables, plus ou moins importantes, selon que le lui permettra son état, sa profession; économies dont il jouira un jour sans être obligé de se livrer à aucun labeur ni à aucune fatigue, et qu'il transmettra, après lui, à des héritiers directs ou collatéraux, ou encore à des successeurs de son choix.

Or, pour constituer des fortunes durables, il faut qu'il y ait des produits susceptibles de conservation. Après la terre nous ne voyons que les métaux précieux; et il n'y a réellement qu'eux et leurs substituts, tels que les rentes sur l'état, les actions, les obligations et les titres de toute sorte.

Mais remarquez-bien que les rentes, actions, obligations et titres divers, ne valent quelque chose que parce qu'ils donnent des revenus en métal précieux et que parce qu'on peut les échanger tous les jours, aujourd'hui comme demain, contre de l'or ou de l'argent.

Si les rentes, les actions et obligations n'existaient pas, les économies se feraient de même en métal précieux, mais par la thésaurisation.

Quel autre produit un travailleur pourrait-il économiser, qui lui permettrait de trouver ses économies intactes dans dix ans, vingt ans, un siècle?

Quoi que disent les économistes au sujet des métaux précieux, ces métaux sont, après la terre et le travail, la première des richesses et la richesse par excellence.

Cette digression sur la monnaie n'est pas un hors-d'œuvre, quoique puissent penser certaines personnes, car avant de parler des résultats de la balance en numéraire, il importait de bien déterminer la valeur de ce numéraire. Les économistes considèrent la monnaie et les métaux précieux, tout comme les autres produits. C'est là une erreur, et cette erreur est capitale. De cette erreur découle tous les systèmes absurdes, qui forment la base de la doctrine enseignée par la nouvelle école économique.

Si les métaux précieux sont un produit tout comme un autre, il importe peu qu'un peuple qui produit plus qu'il ne consomme reçoive des denrées et des marchandises étrangères en échange de ses excédants de production qu'il destine à faire des économies. Ces économies il les fera avec ces produits étrangers; mais ces produits se conserveront-ils plus long-temps que les siens? Non ; ils ne se conserveront ni les uns ni les autres. L'or, lui, se conservera, et vous dites qu'il est un produit tout comme un autre. Evidemment vous êtes dans l'erreur.

Pour nous, qui disons que l'or forme la richesse par excellence, parce qu'il se conserve, et que la quantité qu'un peuple en reçoit pour prix de l'excédant des produits qu'il exporte forme des économies durables, nous tenons à obtenir une balance favorable en or, et nous affirmons que la fortune d'une nation s'accroît dans la proportion du chiffre qu'elle reçoit pour solde de cette balance.

Les vieux économistes de la France étaient aussi partisans de la balance, mais les nouveaux, comme le médecin de Molière, ont changé tout cela, et ils se piquent d'avoir détruit, à tout jamais, ce système qu'ils qualifient d'absurde. Ils se sont trop hâtés de crier victoire.

Nos anciens règlements commerciaux qui avaient été faits par les partisans du système mercantile, c'est-à-dire par les partisans de la balance, avaient été établis dans le but de faire tourner le résultat de cette balance au profit de la France.

On sait que l'on considérait que le résultat de la balance était avantageux à la France, quand elle importait plus de métal précieux qu'elle n'en exportait, et qu'il lui était contraire lorsqu'elle en exportait plus qu'elle n'en recevait de l'étranger.

De 1827, époque à laquelle on a commencé à tenir note du mouvement des métaux précieux, à 1860, le résultat de la balance a toujours été avantageux à la France *sans y manquer jamais.*

Contentons-nous de considérer les résultats des trois dernières périodes quinquennales; cet examen suffira pour nous permettre d'arriver à notre conclusion.

Dans la période de cinq ans qui va de 1851 à 1855, le solde de la balance s'est élevé à 628 millions, soit en moyenne 125 millions par an.

Le solde de la seconde période qui comprend les années allant de 1856 à 1860, a présenté le chiffre le plus haut auquel la balance soit jamais parvenue: ce solde a atteint 1,183 millions, soit une moyenne annuelle de 236 millions.

Aussi, vous rappelez-vous la prospérité inouïe dont a joui la France durant ces dix années qui, notons-le en passant, appartiennent toutes au système protecteur? Que de chemins de fer établis, que d'institutions de crédit fondées, que d'actions industrielles émises et classées, que d'emprunts d'Etat remplis : Dans cet heureux temps l'agriculture était prospère, l'industrie et le commerce réalisaient de larges bénéfices, le travail était partout abondant et bien rémunéré, l'aisance et le bien-être grandissaient partout, les impôts indirects, thermomètre ordinaire du bien-être et de l'aisance d'un peuple, suivaient une marche régulièrement ascendante, les valeurs de la Bourse se tenaient à des prix satisfaisants. Et dans quelles conditions ces résultats merveilleux se sont-ils produits? Au lendemain de l'établissement d'un gouvernement constitué par un coup d'état, pendant les guerres de Crimée et d'Italie, malgré une disette et une cherté de pain qui ont duré quatre années, et, nonobstant la commotion la plus générale, la plus terrible et la plus désastreuse qui ait jamais ébranlé le monde des affaires, celle de 1857.

Maintenant passons à la période qui se compose des années 1861 à 1865. Cette période appartient au libre-échange. A chacun ses œuvres.

Nous divisons cette période en deux parties : l'une comprend les quatre premières années, l'autre la seule année 1865.

Le solde de la balance pour ces quatre années est de 25 millions, soit 6 ou 7 millions par an.

Que nous sommes loin du chiffre annuel des deux autres périodes !

Et puis, le dirons-nous ? En ces quatre années il s'est manifesté un fait qui ne s'était jamais produit de 1827 à 1860, c'est-à-dire pendant trente-quatre ans. Ce fait est celui-ci : La balance a été deux fois contraire à la France.

Il est vrai de dire que l'année 1865 a donné, à elle seule, 224 millions en notre faveur. Mais y a-t-il lieu de se réjouir de ce résultat, et le libre-échange peut-il bien porter ce chiffre en ligne de compte ? Vous le jugerez après avoir entendu un partisan du régime de la liberté commerciale : c'est encore M. Léonce de Lavergne qui parle.

Voici comment il s'exprime dans la livraison du 15 avril 1866 de la *Revue des Deux-Mondes* :

« Il n'y aurait qu'à se féliciter de ce surcroît de ventes, si la question ne se compliquait d'un élément fort obscur et fort difficile à saisir, mais qui n'en a pas moins beaucoup d'importance : c'est la consommation intérieure. Si l'exportation vient s'ajouter à une consommation intérieure progressive ou même stationnaire, elle constitue un bénéfice ; si elle ne fait qu'écouler l'excédant d'une consommation qui se réduit, elle change de nature ; c'est toujours un bien en soi, car il vaut mieux vendre au dehors que de ne pas vendre du tout, mais c'est la révélation d'un mal.

« Or, nous avons malheureusement, pour trois articles au moins, la preuve que le progrès de l'exportation coïncide avec une réduction de consommation à l'intérieur. S'il est vrai, comme le démontre l'examen des chiffres, qu'à prendre dans leur ensemble nos fabriques de soieries, de lainages et de cotonnades, elles ont diminué d'un quart depuis 1861, par le manque des matières premières, l'exportation n'a pu être prise que sur une réduction de consommation, et plus l'exportation a augmenté, plus la consommation intérieure a dû se réduire. La conséquence est rigoureuse; il n'y a aucun moyen d'y échapper. Il est bon, sans doute, de vendre des chemises à nos voisins, mais il vaudrait mieux que tous les Français en eussent davantage : la consommation intérieure d'abord, la vente extérieure ensuite. Si nous ne consommions plus de tissus du tout, nous en exporterions davantage ; en serions-nous plus heureux et plus riches? »

La France a donc obtenu une balance favorable de 224 millions en 1865 ; mais elle n'a acquis ce résultat que parce qu'elle a vendu plus de marchandises qu'elle n'aurait dû le faire, et parce qu'elle a exporté des produits qu'elle aurait dû consommer elle-même.

## III.

Pendant que la balance exécutait les mouvements que nous venons d'indiquer, quelle marche suivaient les impôts indirects? C'est ce que nous allons voir.

| | | |
|---|---|---|
| En 1850, ils étaient à.............. | 744 | millions. |
| En 1855, à.......................... | 950 | |
| En 1860, ils arrivaient à............ | 1,073 | |
| Après avoir atteint en 1859.......... | 1,094 | |

Le libre-échange est mis en vigueur vers la fin de 1860. Quoiqu'il en soit, les impôts de consommation continuent à monter jusqu'à 1863, où ils parviennent à 1,244 millions. Cette marche en avant n'a rien qui étonne. La France est riche encore de la richesse qu'elle a acquise dans les années antérieures; et puis, les premiers effets du nouveau régime économique ne paraissent pas aussi désastreux qu'on l'avait craint d'abord. On conçoit facilement qu'il en ait été ainsi; les étrangers n'étaient pas préparés pour la concurrence, leurs produits n'étaient pas appropriés à nos goûts et à nos besoins. Mais le temps s'écoule et la scène change de face. En 1864, les impôts indirects, au lieu de continuer leur mouvement ascendant, rétrogradent et descendent à 1,176 millions.

Ces revenus descendent, en 1864, à 1,176 millions, révélant ainsi une diminution de 67 à 68 millions, sur 1863.

En 1865, ils sont à 1,222 millions, gagnant de la sorte 45 millions sur 1864, mais restant encore inférieurs de 23 millions à ceux de 1863.

Les neuf premiers mois de 1866 ont fourni sur 1865 un accroissement de 37 millions, en droits autres que ceux appliqués aux sucres, et de 21,453,000 francs en droits de cette dernière nature; soit, en tout, 59,100,000 fr.

Mais dans la formation du chiffre de 37 millions, en droits autres que ceux sur les sucres, les droits d'enregistrement, de greffe et d'hypothèque entrent pour 15 millions, et les tabacs pour 3, ce qui fait 18 millions. L'augmentation de la consommation du tabac ne nous indique pas une cause de bien-être réel; nous voyons, au contraire, avec peine cette consommation s'étendre en gagnant de proche en proche nos jeunes générations. Il devrait être défendu aux enfants d'en faire usage, et cela dans un intérêt social de la plus haute importance. Pour ce qui concerne les droits d'enregistrement, de greffe et d'hypothèque, l'accroissement de ces droits ne révèlerait-il pas plutôt l'existence d'un mal que les symptômes d'une véritable amélioration dans l'état de nos revenus indirects. Les droits de mutation n'ont-ils pas été plus considérables parce que les ventes d'immeubles ont été plus nombreuses à cause des souffrances de l'agriculture et de certaines industries. Ce n'est pas assez de voir l'accroissement de nos impôts indirects, il faut encore considérer la cause qui donne lieu à cette augmentation.

Quant aux droits sur les sucres, on sait qu'une partie de l'augmentation n'est qu'apparente et qu'elle est due aux différents modes suivis par le commerce, pour l'acquittement des droits établis sur ce produit.

Quel qu'ait été le résultat des trois premiers trimestres de cette année et quelles que soient les causes auxquelles on doive attribuer ce résultat, les états de douanes publiés par le *Moniteur* n'en témoignent pas moins d'un certain ralentissement pendant les derniers mois. On peut remarquer que la plus forte portion de l'accroissement de 37 millions en droits autres que ceux sur les sucres, appartient aux deux premiers trimestres. Ainsi, l'augmentation du troisième trimestre n'a été que de 8 millions, tandis que celle des deux premiers avait atteint 29.

La marche de nos impôts indirects a du mal à se relever et à se maintenir. En effet, de 1860, où ils étaient à 1,073 millions, ils sont passés à 1,244 millions en 1863, avec une augmentation de 171 millions. Cette année ils arriveront aux environs du chiffre de 1,244 millions, en s'élevant un peu au-dessus ou en restant un peu inférieurs. Est-ce là un progrès véritable? Et puis, voyez comme leur allure est pénible et hésitante ; les moindres circonstances paralysent leur élan. Dans les deux premiers trimestres ils procurent une amélioration de 29 millions ; cette amélioration n'est plus que de 8 millions dans le troisième. Pourquoi ont-ils perdu leur ancienne élasticité, et qui leur communiquera désormais l'impulsion énergique à laquelle ils ont obéi de 1851 à 1863? Qu'on se rappelle bien que nous ne portons pas à l'actif du libre-échange l'accroissement de nos impôts de consommation de 1860 à 1863. Nous les attribuons à la cause véritable qui a produit cette amélioration, c'est-à-dire à l'influence qu'exerçait encore la fortune réalisée pendant la période brillante qui s'est écoulée de 1851 à 1860, et aux espérances qu'ont fait naître les premières années du régime de la liberté commerciale. Mais que les temps sont changés depuis lors!

Nous avons dit que nous n'attribuions pas au libre-échange l'accroissement que les impôts indirects ont éprouvé de 1860 à 1863. En vérité, le pourrions-nous, quand, dans les trois années qui constituent cette période, nous voyons la balance tourner pour la première fois contre la France et se solder par un déficit de 58 millions, au lieu de nous donner les forts excédants de la période quinquennale qui a précédé 1861 ? Nous le répétons, le mouvement des revenus de consommation a continué sa marche ascendante sous l'influence de la richesse qui s'était largement développée sous le règne long et bienfaisant du régime protecteur.

L'impôt indirect suit, dans tous les pays du monde, la marche de la prospérité des peuples. S'il est une vérité qui puisse réellement être considérée comme un axiôme, c'est celle-ci : Plus les nations s'enrichissent plus elles consomment, et plus leur richesse se resserre, plus leur consommation diminue. La raison, d'accord avec les faits, admet cette vérité sans contestation aucune.

Eh bien! considérons ce qui s'est passé en France depuis 1863. Le commerce extérieur a continué de s'accroître dans de fortes proportions :

En 1863, il était à 5,058 millions ;

En 1865, il a atteint 5,981 idem,

Et tout porte à croire qu'en 1866, il dépassera 6 milliards de plusieurs centaines de millions.

Or, un grand commerce fait supposer des bénéfices considérables, car, pour que les choses se passent dans de bonnes conditions, il faut que les profits soient en rapport avec le chiffre des affaires traitées; mais nous ne croyons pas qu'il en ait été ainsi depuis 1860.

En effet, si le large développement commercial que nous venons de signaler avait procuré à la France des bénéfices correspondants, on aurait dû voir les impôts indirects s'accroître au lieu de rétrograder, et suivre, comme autrefois, une marche constamment ascendante, sans subir aucun temps d'arrêt. Comment se fait-il qu'avec un commerce extérieur d'un cinquième plus fort que celui de 1863, nous ayons des revenus moindres? Cela est contraire aux lois économiques ; mais l'impôt indirect diminue ou demeure stationnaire ; il ne peut retrouver son ancienne élasticité malgré l'accroissement du chiffre de nos importations et de nos exportations, parce que cette branche de notre commerce et de notre industrie ne procure plus de bénéfices : les prix ont trop baissé en présence de la concurrence étrangère. Cependant quelques droits protecteurs demeurent encore debout ; que serait-ce s'ils étaient entièrement supprimés et si le libre-échange était pratiqué dans toute sa vérité?

Nous ne sommes pas seul à constater que les bénéfices manquent à nos industries. Dans son numéro du 3 août 1865, le *Moniteur industriel* s'exprimait dans les termes suivants, en considérant la généralité de nos industries :

« Dans bien des usines où on réalisait autrefois des bénéfices considé-
« rables, l'on a aujourd'hui la plus grande peine à joindre les deux
« bouts. »

Rapprochez ces lignes de celles que nous avons empruntées à M. Léonce de Lavergne, dans la *Revue des Deux-Mondes* du 15 avril 1866, et vous comprendrez la situation dans laquelle se trouvent nos impôts de consommation. Et qu'on ne dise pas que le rendement des revenus indirects a baissé à cause de certains dégrèvements. L'accroissement qu'ils ont accusé, de 1860 à 1863, indique suffisamment qu'ils pourraient suivre une marche régulièrement ascendante, malgré les dégrèvements qui ont eu lieu, si l'industrie et le commerce de la France continuaient à jouir de la prospérité qu'ils ont connue du temps où le régime de la protection était en vigueur.

Tandis que les impôts indirects suivent en France la marche lente et embarrassée que nous signalions tout à l'heure, veut-on savoir ce qui se passe dans les états de l'union américaine? Voici ce que nous lisons dans la *Presse* du 26 octobre 1866 :

« Les Etats-Unis continuent avec la plus admirable tenacité leurs efforts
« pour la réduction de la dette fédérale, et chaque mois écoulé accuse un
« résultat obtenu qui, en Europe, passerait pour invraisemblable. Le
« compte-rendu présenté par le ministre des finances, M. Mac-Culloch, le

« Gladstone de l'Amérique du nord, constate que, pendant le mois de sep-« tembre, la diminution effectuée s'élève à 22,346,226 dollars (112 mil-« lions de francs). Un tel chiffre est plus éloquent que tous les commentaires.

. . . . . . . . . . . . . . . . . . . . . . . . . . . . . . . .

. . . . . . . . . . . . . . . . . . . . . . . . . . . . . . . .

« La dette américaine était au mois d'août 1865, de 2,757,253,276 « dollars, près de 14 milliards; c'est l'apogée du passif de l'Union. Elle est « aujourd'hui réduite à 2,573,336,942 dollars, c'est donc en quatorze mois « une diminution de 184,916,354 dollars, près d'un milliard, sans compter « une seconde diminution de plus de 86 millions de dollars sur l'émission « des bons du trésor.

« Voilà comment un grand pays se relève de ses chutes et répare les « ruines de ses fautes politiques; voilà comment on affranchit le travail et « l'activité nationale des charges que leur ont légué les périodes de guerre. « Dans dix ans, dans six ans peut-être, si la progression actuelle continue, « les Etats-Unis n'auront plus de dettes. »

Et savez-vous à l'aide de quel moyen les Etats-Unis obtiennent ces merveilleux résultats? En appliquant le système protecteur dans des conditions telles, que ses plus zélés partisans en France n'en oseraient pas réclamer de semblables. Les droits assis sur les produits divers sont très-élevés.

Voyez cependant, la *Presse* appelle M. Mac-Culloch, le Gladstone de l'Amérique. Ce dernier est libre-échangiste, tandis que M. Mac-Culloch est protectionniste. Comment concilier ce langage de la *Presse*, dont les idées en matière économique sont très-libérales? On peut donc faire de bonnes finances avec le système protecteur; pour nous, nous trouvons même que c'est le seul moyen d'en faire, à moins que, si l'on pratique la liberté commerciale, on ait, comme l'éminent homme d'état anglais, la chance unique d'administrer le trésor du pays le plus riche du globe, et dont l'industrie ne redoute aucune rivale.

Dans son numéro du 6 novembre, la *Presse* revient sur le budget des Etats-Unis:

« Nous signalions dernièrement, dit-elle, d'après un compte-rendu de « M. Mac-Culloch, en date du 1er septembre, la décroissance rapide de la « dette des Etats-Unis, par suite des réductions mensuelles opérées princi-« palement à l'aide des excédants de recettes. Nous trouvons aujourd'hui « dans un autre document du ministre des finances américain, établissant le « budget du dernier exercice 1865-66, une nouvelle preuve des progrès

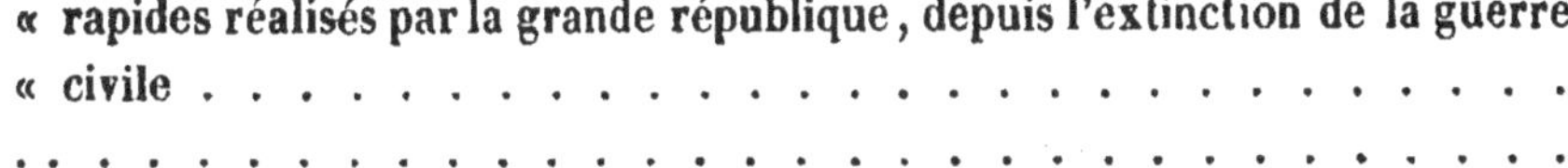

« rapides réalisés par la grande république, depuis l'extinction de la guerre « civile . . . . . . . . . . . . . . . . . . . . . . . . . .

. . . . . . . . . . . . . . . . . . . . . . . . . . . . . . . . .

. . . . . . . . . . . . . . . . . . . . . . . . . . . . . . . . .

« Il y a une ombre à ce tableau, mais une ombre momentanée, nous « l'espérons du moins ; c'est qu'une partie de l'augmentation constatée pour « les douanes tient à l'élévation peu libérale de certains droits décrétés par « le congrès radical. Les États-Unis se sont mis ainsi, dans l'intérêt exclusif « des états du Nord, en opposition avec le mouvement universel qui tend à « abaisser les barrières internationales.

Ainsi, les recettes des États-Unis s'élèvent avec rapidité. Le système protecteur ne nuit donc pas au développement de la richesse ni à celui de la consommation ; on peut dire au contraire qu'il favorise l'un et l'autre : car comment admettre l'accroissement des revenus indirects, s'il n'y a pas en même temps augmentation de consommation? Or, nous l'avons dit, l'augmentation de consommation ne se produit que quand la richesse publique se développe.

La *Presse* voit une ombre à ce tableau, et cette ombre c'est la protection. Qui oserait assurer aux États-Unis qu'ils obtiendraient des résultats aussi brillants avec le libre-échange ? S'ils voulaient supprimer le système protecteur pour y substituer le régime de la liberté commerciale, afin d'arriver à augmenter encore leur prospérité, ne feraient-ils pas comme l'homme à la poule aux œufs d'or ? Ne feraient-ils pas un peu ce que nous avons fait en France ? Nous aussi nous avons eu nos jours de grande prospérité ; mais ces jours, nous les avons connus à l'époque où florissait le régime de la protection. Aujourd'hui, nous sommes en possession du régime de la liberté commerciale qu'on recommande aux États-Unis ; en sommes-nous plus riches?

Les années écoulées de 1850 à 1860 ont établi que le régime protecteur avait produit en France les plus beaux résultats ; nous le voyons en déterminer de non moins étonnants en Amérique. En présence de ces faits et des événements qui se sont produits chez nous, à la suite du libre-échange, nous considérons ce dernier régime comme dangereux pour les intérêts des peuples, et le premier comme le seul qui puisse les sauvegarder et les enrichir.

Le libre-échange peut être bon pour quelques nations, mais pour celles qui sont dans une situation à ne craindre aucune concurrence, et qui, comme l'Angleterre, joignent un grand négoce à l'industrie nationale. Avec son immense négoce, qui tend à se développer tous les jours aux dépens de tous les peuples, le commerce de la Grande-Bretagne ne redoute personne et n'a pas de rivaux ; elle peut donc, du moins quant à présent, pratiquer impunément le libre-échange ; le pouvons-nous comme elle ? Ils nous semble que les faits ont déjà répondu.

Nous ne prétendons pas que les États-Unis ne pourraient pas faire un jour comme l'Angleterre, mais quel autre peuple possède les immenses ressources que l'Amérique offre à ses habitants ?

La *Presse* considère M. Mac-Culloch comme un Gladstone ; c'est l'éloge le plus beau qu'on puisse faire aujourd'hui d'un ministre des finances. Que manque-t-il donc à M. Fould, qui a l'honneur de diriger les finances d'un grand état, pour être un autre Gladstone, pour devenir le Gladstone français ? Ce qui lui manque ce n'est ni le mérite, ni la hauteur de vues, ni la capacité, mais bien un régime économique qui soit en rapport avec les besoins de la France. Donnez à la France le système commercial qui lui convient, et M. Fould, comme M. Gladstone, comme M. Mac-Cullock, fera des finances prospères, et, comme eux, obtiendra de larges excédants de recettes (1).

## IV.

Et les affaires de Bourse, pourquoi sont-elles dans une telle atonie, et pourquoi ces catastrophes récentes qui ont eu tant de retentissement ? C'est parce que le comptant n'agit plus. Quand le comptant va bien, la spéculation se maintient, elle élève même les cours de la Bourse ; mais dès que le comptant fait défaut, les cours descendent. La spéculation sans comptant est semblable à un ballon qu'on voudrait lancer dans le vide ; elle retombe affaissée et inerte. La spéculation, pour être efficace, doit s'appuyer sur le souffle du comptant. Les cours sont dépréciés aujourd'hui parce que l'argent est rare, et parce que le comptant ne fait pas sentir son influence salutaire.

Nous venons d'affirmer que l'argent est rare ; hâtons nous de donner à ce sujet un mot d'explication, car on nous accuserait de parler à la manière des insensés. Quoi, nous dirait-on, vous déclarez que l'argent est rare, et les caisses de la Banque de France regorgent de numéraire ; les bons du trésor sont à 2 p. 100, et l'escompte à 3. Dans quel temps vit-on jamais le crédit à meilleur marché, le capital plus offert, la monnaie plus abondante ? L'abondance du numéraire, tout le monde la proclame ; vous seul dites qu'il est rare.

(1) On sait que depuis un certain nombre d'années les recettes de l'impôt indirect s'élèvent de plus en plus dans le Royaume-Uni, malgré les dégrèvements successifs opérés par M. Gladstone.

Oui, nous disons que l'argent est rare, et nous affirmons qu'il est rare, par la raison toute simple qu'il l'est. Que signifient donc les 5 ou 600 millions, 700 millions même, si lon veut, qui forment, ou formaient récemment l'encaisse de la banque? Que représentent-ils ces 600 millions, si ce n'est les billets qui sont en circulation? Ils ne les représentent même pas, car le chiffre des billets qui circulent va de 900 millions à 1 milliard. Cet état de choses établit que le public a confiance en la Banque et qu'il considère la monnaie fiduciaire de cet établissement à l'égal de l'or, et qu'il les conserve pour ses affaires ou pour les besoins de la circulation quotidienne. Ce n'est pas l'argent qui est en ce moment dans les coffres de la Banque qui indique l'abondance du numéraire. Ce numéraire est suppléé par les billets qui remplissent ses fonctions. La France serait bien malheureuse si elle ne pouvait pas fournir à la Banque un capital de 5 à 600 millions en échange de sa monnaie fiduciaire. L'encaisse de la Banque n'est donc point un signe certain d'abondance d'argent. Ceux qui le croient prennent l'ombre pour la réalité. Ce qui fait l'abondance de l'argent c'est un solde de balance avantageux, c'est le numéraire que la France reçoit de l'étranger, pour le prix de ses excédants réels d'exportation. C'est ce courant qui arrive de l'étranger, qui procure l'abondance de l'argent. Quand cette source fait défaut on ne peut pas dire qu'il y a abondance de numéraire. Or, nous savons ce qu'a été cette source, depuis 1860; nous ne recevons presque rien, de sorte que la circulation n'est plus entretenue ni vivifiée comme elle l'était autrefois. L'argent est rare dans les campagnes, car, depuis quelques années, nos cultivateurs ont de mauvaises récoltes ou vendent leurs produits à des prix qui ne sont pas rémunérateurs. Un grand nombre de commerçants et d'industriels ne sont pas plus riches, car, sous l'influence de la concurrence étrangère, il s'en trouve bien peu qui réalisent des économies. La rareté de l'argent se manifeste d'ailleurs par la dépression des cours de la Bourse et par l'absence de tout entrain et de toute entreprise nouvelle. Nous le répétons, l'argent n'est abondant que lorsque tous ceux qui s'occupent du travail de la production font suffisamment d'affaires, mais des affaires qui leur procurent des bénéfices, et surtout lorsque ces bénéfices sont payés par l'or des nations avec lesquelles la France entretient des relations commerciales.

Encore une fois, le large encaisse de la Banque ne représente que jusqu'à une certaine concurrence la dette de cet établissement de crédit; il ne représente rien de plus; il n'exprime l'abondance du numéraire que dans ses caves, et il indique que les affaires sont de plus en plus languissantes ou mauvaises.

On n'oubliera jamais la période de prospérité remarquable que nous avons traversée de 1851 à 1860. Que de grandes choses accomplies en ces dix années! Etait-ce avec l'encaisse de la Banque que toutes ces merveilles se sont opérées? Non; elles ont été exécutées avec l'argent que tous, cultivateurs, commerçants, industriels, producteurs de toute sorte ont réalisé dans l'agriculture, dans le commerce, dans le négoce et dans l'industrie; avec l'argent qui procurait des bénéfices à ces travailleurs de tous les degrés et de tous les rangs, argent provenant de la balance du commerce, et dont la force créatrice se développait à l'intérieur et à l'extérieur du pays, par la rapidité et la puissance de la circulation. Le grand courant qui alimentait la caisse de tous ces producteurs divers, en leur apportant de beaux bénéfices, n'existe plus aujourd'hui, pas plus que n'existe cet autre courant qui portait l'argent de ces bénéfices, soit dans les placements des valeurs industrielles, soit dans de nouvelles entreprises.

Aussi, quel élan et quel entrain remarquait-on alors dans les affaires de la Bourse; mais aussi, comme le comptant était actif, et combien absorbait-il de valeurs comme placement définitivement réalisé!

L'argent est donc rare, quoique les coffres de la Banque soient remplis; et les affaires de la Bourse languissent, parce que l'argent est rare, et très-rare chez tous ceux qui demandent au travail et à la production des bénéfices et des profits.

Si la Banque se trouvait aujourd'hui dans la situation où elle était en septembre 1859, nous comprendrions que l'on pût prétendre que le numéraire est abondant. Effectivement, à cette date l'encaisse était de 644 millions, contre une circulation fiduciaire de 700. La monnaie de papier ne substituait ainsi, en réalité, la monnaie métallique que jusqu'à concurrence de 56 millions; mais aujourd'hui, voyez la différence : la réserve s'élève à 692 millions, il est vrai, c'est-à-dire à 48 millions près au chiffre de 1859; mais la circulation fiduciaire atteint 953 millions. Les billets de banque font donc office de numéraire jusqu'à concurrence de 261 millions. Si la circulation générale se rétablissait en ce moment dans les conditions de 1859, ce fameux encaisse de 692 millions, dont on fait tant de bruit, descendrait d'un seul saut à 487 millions; et, si l'on retranchait de ce chiffre le compte-courant du trésor, qui est de 194 millions, il se trouverait réduit au chiffre, assurément très-modeste, de 293 millions. Y a-t-il là de quoi faire dire que l'argent est si abondant? Encore une fois, l'argent ne paraît si abondant que parce que les billets de banque occupent actuellement, dans la circulation, une large place qui lui appartient et qu'il devrait remplir lui-même (1).

(1) Nous avons pris le bilan de la Banque publié le 14 décembre 1866.

Nous venons de parler des retranchements qui doivent être apportés à l'encaisse de la Banque. Il en est d'autres encore qu'il faudrait opérer. Il y a à en distraire les sommes qui ont afflué d'une partie de l'Europe dans notre grand réservoir métallique, lors des événements qui se sont accomplis cette année en Allemagne. A quoi se réduit, alors, cet encaisse tant vanté? L'argent n'est donc pas aussi abondant que nous l'entendons affirmer partout. Nous l'avons dit, on prend l'ombre pour la réalité, et cela parce qu'on ne se donne pas la peine d'analyser les faits avec tout le soin qu'ils exigent (1).

Et, si nous voulions passer en revue la plupart des compte-rendus de la Bourse depuis dix-huit mois, qu'y trouverions-nous? D'éternelles redites sur la faiblesse des cours, sur les chances de reprise, sur les mouvements d'avance et de recul, sur l'abstention des grands banquiers, qui boudent sous leur tente et cherchent à déprécier les cours. L'an dernier on insinuait que tel haut baron de la finance conservait dans ses coffres des sommes considérables improductives, parce que tel autre puissant capitaliste voulait lui faire échec. Contes que tout cela. Il se trouve, néanmoins, des gens qui croient toutes ces billevesées. Les cours sont faibles, il est vrai, et ils sont effectivement faibles, par l'abstention d'un prince de la finance, mais ce prince de la finance c'est le peuple français tout entier, qui a cessé de gagner de l'argent, chez lequel les écus deviennent de plus en plus rares, et à qui ses économies ne permettent plus de rechercher ni de faire des placements.

Si la faiblesse des cours venait de certaines rivalités banquières, ces cours ne sont-ils pas assez dépréciés, et dépréciés depuis assez longtemps, pour que les spéculateurs à la baisse se décidassent enfin à faire un peu de hausse pour obtenir la réalisation de quelques bénéfices? Evidemment, quand on fait la baisse on se propose de gagner plus tard, c'est-à-dire lorsque la hausse reviendra. La hausse est d'autant plus facile à déterminer si la baisse est factice. Or, la hausse ne se produit pas; mais elle ne se produit pas parce qu'elle ne vient pas de ces rivalités : elle vient de l'absence de numéraire, du manque de bénéfices et du défaut d'économies. Que l'agriculture, que le commerce et l'industrie recouvrent leur prospérité d'avant 1861, et nous prédisons à la Bourse des jours de grand mouvement, de belles affaires et de brillantes destinées.

(1) Voir dans la *Revue des Deux-Mondes* du 1er décembre 1866, ce que M. Victor Bonnet a dit au sujet des dépôts faits à la Banque par une partie de l'Europe, à l'occasion des troubles qui se sont produits en 1866 de l'autre côté du Rhin.

Ce n'est pas d'aujourd'hui que nous prétendons que le comptant, à la Bourse, n'a plus l'importance d'autrefois; l'année dernière nous étions déjà convaincu qu'il en était ainsi, et, dans le courant de juillet, nous l'écrivions au syndic des agents de change, en lui demandant une confirmation à cet égard. Nous regrettons qu'il n'ait pas été à même de nous fournir le renseignement que nous sollicitions de sa bienveillance.

Nous avons fait allusion aux événements qui se sont manifestés à la Bourse de Paris, dans le courant de cette année 1866. On prétend que la catastrophe qui a éclaté est due au résultat rapide qu'ont obtenu les armes de la Prusse. C'est en vérité faire à la Prusse beaucoup d'honneur. Mais, ce résultat a-t-il donc été plus imprévu, plus soudain, que ne le fut la paix de Villafranca, après Magenta et Solférino? Rien de pareil n'apparut alors à la Bourse, néanmoins. La France était pourtant engagée, et une collision européenne était considérée comme imminente, tandis qu'elle n'était que simple spectatrice dans les affaires d'Allemagne, et que personne ne redoutait qu'il sortît une conflagration universelle de la lutte engagée entre les deux grandes puissances germaniques..... Il faut donc reconnaître que les faits de la Bourse sont influencés par une autre force que celle que lui impriment les mouvements de la politique. Cette force, c'est l'argent. Il était abondant en 1859; il a cessé de l'être en 1866. En 1859, on était riche, et nombre de ceux qui s'occupaient d'affaires de spéculation pouvaient supporter un choc un peu violent. En 1866, l'épuisement se faisait sentir partout; de là les désastres qui sont survenus. La guerre d'Allemagne est étrangère à ce qui est arrivé; et nous ne voyons pas ce que les événements qui se sont accomplis sur le marché français peuvent avoir de commun avec elle. Si, de 1860, au moment où nous sommes, la France eût reçu un milliard de plus pour solde de sa balance, si le courant de sa circulation eût été alimenté, chaque année, par un nouvel afflux de 200 millions en métal précieux, dont la puissance se fût encore multipliée par la vîtesse de la circulation elle-même, nous pouvons affirmer que la richesse générale serait bien plus considérable, que les impôts de consommation suivraient une marche facilement et rapidement ascendante, et que les affaires de la Bourse auraient une allure toute autre que celle que nous constatons avec d'autant plus de peine que les faits qui s'y passent occasionnent bien des ruines.

Le libre-échange est donc contraire aux intérêts agricoles. Nous croyons avoir établi qu'il n'est pas plus avantageux aux intérêts de la Bourse, ni aux intérêts commerciaux ou industriels. Il ne sert pas davantage les intérêts du trésor. Alors, pourquoi le maintenir, puisque tous les intérêts sont en souffrance avec lui, et ne pas revenir au système protecteur, dont l'heureuse efficacité ne peut pas être contestée après la période de prospérité, jusque-là inconnue, que la France a parcourue de 1851 à 1860, et même jusqu'à 1863? Mais, nous l'avons dit, bien que les années écoulées de 1860 à 1863 appartiennent au libre-échange, il nous est impossible d'attribuer à ce régime commercial les beaux résultats qui se sont produits au point de vue de l'impôt indirect en ces trois années; ces résultats sont dus à la richesse que la nation avait acquise sous l'égide du système protecteur. L'action du système protecteur se faisait encore sentir après sa suppression, comme la force de la vapeur continue d'imprimer à la machine qu'elle est chargée de mettre en mouvement, une marche rapide encore, longtemps après qu'on l'a détournée.

Pour nous, le libre-échange a pour point de départ une erreur. Certes, si chaque peuple avait ses produits particuliers, des produits distincts des produits des autres peuples, on pourrait établir le régime de la liberté commerciale, sans danger aucun pour personne; on devrait même l'établir dans le plus grand intérêt de tout le monde; mais il n'en est pas ainsi : la plupart des nations produisent des marchandises similaires. Du moment où deux nations ont des produits similaires, la protection devient nécessaire à l'une des deux, parce que ces deux nations n'ont pas la même richesse, la même science industrielle. S'il n'y a pas de protection, la plus riche, la plus avancée, la plus entreprenante, la plus industrieuse, s'emparera bientôt du marché national de l'autre.

De même qu'il est difficile de trouver deux hommes qui soient égaux en force, en habileté, en aptitude, en richesse; de même, il est difficile de trouver deux nations qui possèdent ces qualités à un degré égal, à un niveau semblable.

Ainsi, quand deux nations produisent des produits différents, comme les libre-échangistes nous demandons la libre concurrence, et nous ne voyons aucun inconvénient à son existence; mais, lorsque ces nations s'occupent de la production de produits similaires, nous voulons la protection et nous soutenons qu'elle est nécessaire, parce que, dans ce cas, le libre-échange ne présente pas, et ne peut pas présenter aux deux parties le même profit, un avantage égal, puisque le peuple le plus habile pourrait accaparer la fourniture des deux marchés.

Ce qui est vrai de deux nations, est vrai de plusieurs nations.

Dire qu'il faut sacrifier les produits nationaux qui seront obtenus plus chèrement que les produits similaires étrangers, et qu'il faut employer les ouvriers qui s'occupent de la production de ces produits à des industries qui ne redoutent pas la concurrence étrangère, c'est tout bonnement dire une absurdité.

Chaque peuple a ses produits spéciaux, mais ces produits spéciaux sont en bien petit nombre. Tous les peuples, ou presque tous les peuples produisent ou peuvent produire des produits similaires; et la quantité de ces produits est presque illimitée, à cause de la production artificielle et des développements qu'a pris partout l'industrie.

Il y a des nations dont l'industrie est plus avancée que celle des autres; mais l'industrie la plus avancée de toutes est, sans contredit, l'industrie anglaise.

Les peuples les moins avancés devront-ils donc immoler à l'industrie étrangère la partie de leur industrie nationale, qui a pour objet la production des produits similaires, et se contenter de la production de leurs produits spéciaux? Qu'on énumère les produits vraiment spéciaux de la France, et l'on verra combien ils sont peu nombreux. Quels produits de cette nature a-t-elle autres que les vins? Pour tout le reste, ou à peu près, les produits sont semblables à ceux de l'Angleterre et de la plupart des autres peuples : fers, charbons, soiries, draps, cotonnades. Livrez donc le marché national, sans aucun droit protecteur à l'industrie anglaise, et dites-nous les avantages que vous en retirerez.

Nous savons bien que les libre-échangistes se vantent déjà d'un accroissement d'importation et d'exportation, mais ils se méprennent. Ils ne peuvent pas prétendre que c'est au régime de la liberté commerciale qu'est dû cet accroissement; quelques chiffres vont nous le prouver.

Dans la période quinquennale qui va de 1852 à 1856, le commerce spécial de la France a été, importation et exportation réunies, de. 12,760 millions.

Durant la période comprenant les années 1857 à 1860, il s'est élevé à.................................... 19,153

Enfin il atteint pendant celle qui va de 1861 à 1865... 25,311

Le progrès de la seconde période sur la première est de 50 p. 100; celui de la troisième sur la seconde n'est que de 32.

L'Angleterre est le pays de la grande industrie et de la production à bon marché; c'est de là que viendra la concurrence la plus redoutable quand toutes les barrières seront abaissées et que les droits protecteurs seront remplacés par un simple droit fiscal.

Les effets de cette concurrence se font déjà sentir malgré le maintien de quelques droits. Chaque pays devra-t-il laisser à l'Angleterre le monopole de la fabrication et de la production des produits similaires qui est si étendue, afin d'obtenir ces objets à meilleur marché que s'ils étaient produits par les ouvriers nationaux? Encore une fois, que feront les ouvriers nationaux, s'ils ne peuvent se livrer qu'à la production spéciale qui est si restreinte? Où pourront ils se procurer du travail? Que deviendra leur salaire? Que deviendront la consommation et la production nationales?

Les objections ne manqueront pas; on dira : Comment veut-on que l'Angleterre puisse se charger seule de la production des produits similaires? Elle n'y pourrait pas réussir; elle n'aurait, pour atteindre ce résultat, ni assez d'ouvriers, ni les ressources nécessaires.

Faire une pareille objection ce serait indiquer qu'on connaît bien mal l'Angleterre, son industrie, sa richesse et sa puissance de production. Le commerce extérieur de la Grande-Bretagne, qui se chiffre par milliards chaque année, a plus que doublé depuis six ans. Il aurait pu parcourir des étapes beaucoup plus longues si les débouchés avaient été plus étendus. Cette énorme production qu'elle a doublée en quelques temps, elle aurait pu l'augmenter davantage encore. Avec ses machines, l'Angleterre peut pourvoir le monde entier des produits de la grande industrie; car, comme on le suppose bien, quand nous parlons du danger que l'industrie anglaise peut faire courir à l'industrie française, nous ne considérons que la grande industrie. Mais notre grande industrie, n'est-ce pas, avec l'agriculture, notre richesse principale? Et si elle se trouvait compromise, que d'industries secondaires seraient elles mêmes atteintes, faute de consommateurs. (1)

Et ce ne sont pas seulement nos industries qui seront compromises : notre négoce le sera lui-même et aura un sort tout-à-fait semblable.

On répondra encore : La France est entrée à son tour dans la carrière de la grande industrie, et ce pays, avec les avantages qui lui sont propres, se voit en mesure d'abaisser ses prix de revient et de lutter, sur le marché même de l'Angleterre, avec la vieille industrie britannique.

Quand on considère les produits que nous expédions en Angleterre, il n'y a pas trop lieu de conclure de nos envois que nos grandes industries pourront lutter contre les grandes industries anglaises. Nos exportations consistent surtout en vins et en articles de Paris, en objets de mode, d'art et de goût, que nous considérons, jusqu'à un certain point, comme des produits spéciaux.

(1) Le commerce extérieur de l'Angleterre a donné, pour les six premiers mois de 1866, 107 millions de liv. sterl. aux exportations, et 113 millions aux importations, soit 5,500 millions.

Et encore, pour les articles d'art et de goût, est-il bien sûr que nous conservions longtemps notre ancienne supériorité? La France n'a plus le monopole de l'art industriel. Quelques nations ont déjà commencé à lui disputer la palme. Lors de l'exposition de 1862, tout le monde a été frappé de cette compétition inattendue. Voici comment M. Mérimée s'est exprimé dans un rapport qu'il a fait à cette époque sur l'état de l'art, dans ses applications à l'industrie :

« Depuis l'exposition universelle de 1851, et même depuis celle de 1855, des progrès immenses ont eu lieu dans toute l'Europe, et bien que nous ne soyons pas restés stationnaires, nous ne pouvons nous dissimuler que l'avance que nous avons prise a diminué, qu'elle tend même à s'effacer. Au milieu des succès obtenus par nos fabricants, c'est un devoir pour nous de leur rappeler qu'une défaite est possible, qu'elle serait même à prévoir dans un avenir peu éloigné, si, dès à présent, ils ne faisaient pas tous leurs efforts pour conserver une supériorité qu'on ne garde qu'à la condition de se perfectionner sans cesse. L'industrie anglaise en particulier a fait depuis dix ans des progrès prodigieux, et, si elle continuait à marcher du même pas, nous pourrions bientôt être dépassés.

« A ce témoignage, ajoute M. C. Lavollée, à qui nous empruntons cette citation, viennent se joindre les déclarations des différentes sections du jury, déclarations qui ne sont pas exemptes d'inquiétudes au sujet de notre prééminence en fait d'art. »

Voilà à quel point les choses étaient en 1862. Quels progrès avons nous faits depuis lors ; quels progrès les autres nations, et notamment l'Angleterre, ont-elles faits de leur côté ? L'exposition de 1867 l'établira.

Que la France puisse soutenir la lutte avec la Grande-Bretagne, nous ne demandons pas mieux ; mais nous ne croyons pas que cela se puisse, du moins pour la grande industrie. Nous voyons même le danger que courent les industries dans lesquelles nous nous croyions si supérieurs à elle. Nous ne pensons donc pas que la lutte soit possible ; les faits accomplis le démontrent déjà.

Pour nous, toute la question est ici : Le libre-échange est-il, oui ou non, une vérité absolue ? Si la réponse est affirmative, il faut se hâter de l'introduire dans la pratique ; si la réponse est négative, la plupart des peuples ont intérêt à le repousser de toutes leurs forces, la France comme les autres nations.

Pourquoi donc, si le libre-échange ne présente aucun danger, toutes les recommandations adressées à l'industrie de prendre ses précautions ?

S'il est un bien, on ne voit pas comment il pourrait nuire à des industries qui se sont développées et se sont fortifiées à l'aide de la protection.

Si ces industries eussent pu naître et prospérer, sans l'assistance que lui prêtait le régime protecteur, comment ne pourraient-elles pas vivre aujourd'hui que, fortes et développées, on leur retirerait cet appui.

Si, au contraire, elles n'ont pu se constituer qu'à l'aide de la protection, qu'auraient fait les producteurs et les ouvriers qui se sont adonnés à ces industries ?

Les producteurs et les ouvriers de ces industries auraient suivi une autre carrière, se seraient adonnés à une autre production, se seraient livrés à un autre travail ; ils auraient embrassé une industrie qui pouvait vivre sans protection, et abandonné celle qui ne le pouvait pas.

Mais, de grâce, qu'on nous dise ce qu'ils auraient fait, et qu'on nous dise aussi ce que feront les ouvriers des industries que la mise en pratique du libre-échange privera inévitablement de leur travail.

Dire qu'ils feront autre chose, c'est trop vague ; il faut préciser quel genre de travail ils pourront faire, quelle carrière ils pourront suivre, car toutes les branches de travail nous paraissent occupées et toutes les industries largement pourvues.

Leur fera-t-on faire des chemins ? Faire faire des chemins à des ouvriers déclassés, c'est la ressource des mauvais jours ; on ne peut pas considérer ce travail comme un emploi normal et régulier. Quand on en est réduit à cette extrémité, c'est que les temps sont durs et la misère profonde.

Et ce travail, que, avec un peu de protection, les ouvriers nationaux auraient fait, ce sont des ouvriers étrangers qui l'exécuteront ; votre argent s'écoulera, et votre richesse, au lieu de se développer, ira en décroissant.

Les ouvriers nationaux feront autre chose, dites-vous, mais si les nations voisines exécutent ces mêmes travaux, où trouverez-vous un débouché assez large pour employer tous vos travailleurs, quand le nombre de vos industries sera ainsi réduit ?

On regardera assurément nos vues sur ce point comme complètement absurdes. Effectivement, jusqu'à cette heure les faits ne paraissent pas les avoir pleinement justifiées, et le travail a toujours été abondant depuis 1860. Mais, ayons un peu de patience, et donnons aux événements le temps de se produire et de se mettre en lumière. Il n'y a pas encore si longtemps que le libre-échange est à l'œuvre ; de plus, il n'est pas encore appliqué dans toute sa rigueur. Nous disons que les faits ne paraissent pas encore avoir justifié pleinement nos prévisions ; ils ne les ont justifiées qu'en partie. En effet, il s'est déjà passé quelque chose qui établit que le libre-échange est moins favorable au travail que le système protecteur. Ainsi, nous avons constaté que le commerce extérieur a progressé moins rapidement de 1861 à 1865 que de 1856 à 1860. C'est là un mauvais symptôme. Malheureusement, ce symptôme n'est pas le seul : plus nous marchons, plus nos grandes industries sont loin d'être prospères. Les soieries, les draps, les huiles, les fers éprouvent de profondes souffrances. La cause de ces souffrances vient des excès de production que déterminent la concurrence intérieure et la concurrence étrangère, ainsi que de la baisse des prix qu'amènent ces excès de productions. Elle vient encore de la consommation qui se réduit, comme le dit M. Léonce de Lavergne, et comme le prouve la marche de nos impôts indirects.

Les nations produisent à qui mieux mieux sans s'enquérir des besoins de la consommation, de sorte qu'il survient un immense trop plein. Un fait remarquable, c'est que depuis le libre-échange, ce trop plein est permanent. Comment pourrait-il en être autrement ? Si la France est disposée à diminuer sa production, l'Angleterre ou les autres peuples maintiennent la leur, et continuent de nous envoyer leurs marchandises. De là la nécessité de toujours produire si l'on ne veut abdiquer; de là, aussi, la continuité de la crise qui se manifeste depuis quelques années, et que rien n'a pu conjurer, ni le pain à bon marché, ni la baisse de l'escompte, ni la paix américaine, sur laquelle on fondait de si grandes espérances. Nous savons bien que les économistes ne reconnaissent pas d'excès de production. Ils disent, en effet, que les produits s'échangent contre les produits, et que plus il y en a, plus les échanges se multiplient. Nous admettons qu'il en ait ainsi, mais seulement jusqu'à une certaine concurrence. Si nous admettons l'échange des produits contre les produits, il faut aussi qu'on admette qu'il y en a une partie qui est créée en vue des métaux précieux, et qui s'échange contre eux. Cette partie ne doit donc pas être plus considérable que la monnaie qui circule sur le marché, laquelle indique les besoins de la consommation. Les économistes ne reconnaissent pas les excès de production, parce qu'ils n'ont pas convenablement étudié les faits. Ce sont cependant ces excès qui amènent les maux qu'endurent aujourd'hui nos grandes industries. Elles soutiennent néanmoins courageusement la lutte ; mais quelle sera la fin de cette guerre à outrance ? La nation la plus faible, la moins riche, la moins favorisée, s'arrêtera la première, et abandonnera son propre marché à sa rivale, plus forte, ou plus heureuse. Que deviendront alors les ouvriers ? Ils se livreront à d'autres industries ; auxquelles ? Nous ne savons ; mais nous voudrions bien qu'on nous les indiquât.

Et qu'on n'oublie pas que nos industries souffrent, bien qu'elles soient encore favorisés par un reste de protection.

Au milieu de ces industries qui se débattent si péniblement dans une lutte redoutable, il y en a cependant une qui obtient de magnifiques résultats ; c'est l'industrie houillère. Il n'y a rien d'étonnant à cela : Le travail et les transports se sont développés plus rapidement que l'extraction du charbon, et les mines n'ont pas assez de fosses ouvertes pour satisfaire largement à toutes les demandes. Dieu veuille que cette situation persiste le plus longtemps possible, dans des limites raisonnables toutefois, et sans imposer aux consommateurs des sacrifices trop onéreux. Mais si l'on supprime les droits sur les houilles étrangères, comme le demande la chambre de commerce de Lille, qui peut dire quel sera le sort réservé à l'industrie dont nous parlons.

A côté de l'industrie de la houille, se trouve une autre industrie qui jouit, elle aussi, d'une grande prospérité : c'est l'industrie cotonnière. Elle doit cette faveur à la rareté des matières premières. Effectivement, le coton a été rare jusqu'à l'an dernier ; et la quantité qui est apparue en 1866 sur le marché, n'a pas encore amené d'engorgement. Mais que le trop plein survienne, et que, de plus, les droits protecteurs qui subsistent encore soient supprimés, vous verrez ce que deviendra cette industrie aujourd'hui si active et si bien rémunérée. Tant qu'il n'y a pas de cotonnade en excès ; tant que l'Angleterre trouve à placer ses produits en coton avec avantage sur les différents marchés du monde, elle ne viendra pas envahir le nôtre. Cet envahissement ne sera à redouter que du moment où il y aura excès. Mais si cet envahissement avait lieu, qu'arriverait-il de notre industrie cotonnière, de la grande, bien entendu? car la petite, celle qui se fait avec les bras et sans le secours des machines, et qui s'applique à des spécialités, ne serait guère atteinte ; ce n'est pas d'elle que nous nous préoccupons.

La France et l'Angleterrre se livrent toutes deux à l'industrie du coton. Pourquoi la plus faible ne se protègerait-elle pas contre la concurrence de la plus forte, puisqu'une lutte prolongée est impossible si des excès de production se manifestent ?

Nous ne comprendrons jamais qu'on puisse soutenir que le libre-échange est avantageux aux peuples qui se livrent à la fabrication de produits similaires

Avec les produits spéciaux, par exemple, nous le comprenons ; mais nous ne le comprenons qu'avec ces produits, et encore faut-il qu'ils soient de nature différente. En dehors de là, nous le proclamons une erreur profonde et désastreuse.

La théorie erronée du libre-échange n'est-elle pas issue de cette pensée que chaque peuple produirait mieux et à meilleur marché les produits spéciaux? Nous le croyons. Voici, en effet, comment s'exprime M. Garnier, professeur d'économie politique à l'école impériale des ponts et chaussées : « Chaque pays ferait donc mieux et à meilleur compte les produits de sa « spécialité. » Cela était bon dans les temps primitifs où chaque peuple, en effet, avait une spécialité; mais, aujourd'hui que les industries se sont universalisées, que devient ce principe de la spécialité? Evidemment, le libre-échange nous reporte en arrière et à des jours depuis longtemps évanouis.

## V.

Nous croyons avoir suffisamment indiqué que le libre-échange est une erreur. Une pareille erreur peut subsister longtemps, tant qu'elle demeure à l'état de simple théorie et de pure spéculation, mais quand elle a la prétention d'entrer dans le domaine des faits, son caractère véritable apparaît bientôt et se manifeste par son impuissance.

Le libre-échange est donc une erreur économique; il est, de plus, contraire aux intérêts de la France. Pour nous, nous sommes certain qu'il en est ainsi. Nous avons acquis cette certitude en suivant, pour ainsi dire, la méthode des sciences positives et les principes de l'école expérimentale.

L'idée que le libre-échange devait être une erreur, nous est venue *à priori*, en considérant :

1° Que les nations produisant, soit naturellement, soit artificiellement, des produits similaires, et que, s'aidant pour l'exécution de leurs travaux de machines nombreuses, dont la puissance peut être étendue indéfiniment, les plus riches, les plus habiles, les plus entreprenantes, les plus avancées, devaient causer aux autres un grave préjudice, sinon une ruine complète, en venant leur faire la concurrence ou même les supplanter sur leurs propres marchés (1);

2° Que le libre-échange, devant amener tout d'abord une énorme production générale, les crises qui naîtraient de ses excès seraient, en quelque sorte, permanentes dans certaines industries;

3° Que le libre-échange, qui était l'état primitif, ayant été abandonné par

(1) Nous appelons production artificielle, celle qui se fait avec des matières premières achetées à l'étranger.

tous les peuples qui produisent et qui trafiquent, à mesure qu'ils avançaient dans la voie de l'industrie, du commerce et du négoce, n'a pas dû être rejeté par eux sans raisons sérieuses. Il ne faut pas nous croire plus habiles que nos pères. Nous estimons que le système protecteur était le résultat de leur expérience et de leurs observations.

Voilà quelle a été notre conception *à priori*. Cette idée est-elle une simple illusion de notre esprit ou est-elle bien réellement conforme à la vérité. C'est ce que nous allons voir par le contrôle des faits.

Le nouveau régime commercial, disent les libre-échangistes, doit procurer aux peuples une prospérité telle qu'ils n'en ont jamais connu de pareille avec le système protecteur.

S'il en est ainsi, la France a dû s'enrichir, depuis 1860, dans des proportions énormes et jouir d'une prospérité jusque-là inouïe, car déjà, avant l'établissement du libre-échange, elle s'enrichissait avec une rapidité qui tenait du prodige, et sa prospérité était si étonnante qu'on en était partout émerveillé. Les faits vont répondre. Voici ce qu'ils nous enseignent :

La balance commerciale, autrefois toujours avantageuse à la France; donnait des soldes en numéraire d'une importance assez considérable; depuis le libre-échange, cette balance devient contraire ou se règle par de très-faibles excédants (1).

Les revenus indirects, qui, avant le nouvel état de choses, suivaient une marche régulière et constamment ascendante, demeurent aujourd'hui stationnaires ou vont en rétrogradant.

Les affaires de Bourse, si brillantes et si animées il y a quelques années encore, sont maintenant sans entrain, et le sol du marché est jonché de ruines.

De 1850 à 1860, on a vu sur tous les points du pays de nombreuses fortunes se faire, des richesses considérables s'accumuler; depuis lors, un très-petit nombre de personnes se sont enrichies. Mais aussi, à côté de ces quelques rares fortunes qui se sont élevées, combien de maisons, plus ou moins importantes, ont vu leur situation compromise ou perdue!

L'agriculture, alors si prospère, accuse aujourd'hui de grandes souffrances.

Des libre-échangistes éminents et des plus dévoués à la cause qu'ils défendent, déclarent que si nos exportations atteignent des chiffres aussi

(1) Pour être avantageux, il faut que le solde de la balance en numéraire représente des bénéfices, et non qu'il provienne de la vente de produits qu'on prend à même un stock qui se réduit.

élevés que ceux que nous connaissons, c'est parce que nous réduisons notre consommation.

A l'appui de leur système, les libres-échangistes nous diront, sans doute, que de 1860 à 1865, le commerce extérieur de la France a passé de 4,174 millions, importations et exportations réunies, à 5,981 millions. Nous ne contestons pas ce résultat ; mais l'argument qu'on en voudrait tirer est sans valeur, car sous l'influence du régime protecteur, le chiffre de notre commerce extérieur a passé de 1,858 millions, où il était en 1850, à 4,174 millions en 1860, gagnant ainsi plus de 126 p. 100 en dix ans, tandis que de 1860 à 1865, il ne gagnait que 43 p. 100 en cinq années, en allant comme nous le disions tout à l'heure, de 4,174 millions à 5,981.

Tous les faits, sans exception, donnent raison à notre théorie, et justifient l'hypothèse que nous avons établie *à priori*. Ils viennent déposer contre le libre-échange, en même temps qu'ils parlent en faveur de la protection.

Que si des faits que nous avons interrogés, les uns étaient contraires au libre-échange, tandis que les autres lui seraient favorables, nous n'en pourrions tirer aucune conclusion. Mais il n'en est pas ainsi : tous les faits sont unanimes et pas un donne raison à la nouvelle doctrine. En présence d'une telle concordance dans les phénomènes divers que nous avons observés, ne sommes-nous pas autorisé à affirmer que nous avons la certitude que le libre-échange est une erreur économique, et qu'il est contraire aux intérêts français ? Qui donc refuserait au chimiste le droit de dire qu'il est certain que l'azote prive les animaux de la vie, quand il a fait de nombreuses expériences pour s'en assurer, et lorsque ces expériences lui ont toutes donné le même résultat ?

Mais les partisans de la liberté commerciale ne se tiendront pas pour battus, car déjà ils viennent nous dire que si les résultats ne sont pas meilleurs, cela tient à ce qu'on n'est pas encore assez avancé dans la voie des réformes. Ecoutez le langage de la *Presse*. Dans son numéro du 22 novembre 1866, elle comparait les budgets de France et d'Angleterre. Après avoir signalé la différence que présente le revenu des douanes de chaque côté du détroit, et déclaré que l'avantage est largement au profit de la Grande-Bretagne, le journal s'exprime en ces termes :

« Mais la cause essentielle de cette énorme différence de prospérité douanière, n'en gît pas moins dans le maintien, chez nous, d'une échelle de tarifs trop élevés pour favoriser le développement du commerce extérieur et de la consommation intérieure. Nous étions entrés, il y a quelques années, dans une voie de réductions successives, dont tout le monde s'applaudissait.

Il est fâcheux qu'on n'ait pas jugé à propos de poursuivre cette heureuse expérience. Le succès des dégrèvements opérés par M. Gladstone témoigne surabondamment que c'est dans la modération des droits que réside le secret des progressions fiscales. » (1)

Encore de la vaine théorie ; mais que peut cette théorie erronée contre l'évidence des faits qui ont déjà prononcé sur sa valeur? Effectivement, n'est-ce pas par suite des restrictions successives qui ont eu lieu, que nous sommes arrivés au point où nous sommes aujourd'hui? Si ces restrictions avaient produit de si bons résultats en 1861, 1862 et 1863, pourquoi n'ont-elles pas continué de faire sentir leur influence en 1864, 1865 et 1866? Mais, nous l'avons dit, c'est à tort que les libres-échangistes voudraient attribuer à leur système, le mouvement ascensionnel que nos impôts indirects ont suivi de 1861 à 1863 ; ce mouvement ne s'est ainsi continué qu'avec la fortune que la France avait acquise sous le régime protecteur.

La *Presse* trouve qu'il est fâcheux qu'on n'ait pas poursuivi l'heureuse expérience qu'on avait commencée. Heureuse expérience, en effet ! Qu'en pensez-vous? Ne trouvez-vous pas que la *Presse* ressemble un peu à un médecin qui, ayant affaibli son malade par des saignées trop abondantes, voudrait encore lui en faire subir de nouvelles, sous prétexte de le guérir et de ranimer ses forces? Ne courrait-il pas le risque de l'épuiser tout-à-fait? Ainsi feraient de la France les nouvelles réductions qu'on voudrait apporter à ses tarifs.

L'article de la *Presse* contient un avis dont notre ministre des finances pourrait profiter. Nous doutons fort que M. Fould ait l'intention de le suivre ; nous ignorons ce qu'il fera ; mais ce que nous savons, c'est que s'il s'engage dans la voie qu'on lui indique, il verra que cette voie ne le conduira point aux brillants résultats qu'a obtenus M. Gladstone, ni à la célébrité justement méritée que s'est acquise cet homme d'état illustre. Ce qui convient à la forte constitution britannique et à son robuste tempéramment, ne convient pas à la France. Ce qu'il faut à la France, c'est la protection et non le régime de la liberté commerciale.

Que le régime protecteur convienne parfaitement à la France, nous l'avons établi en rappelant la prospérité merveilleuse dont elle a joui jusqu'en 1860; les larges excédants de recettes que M. Mac-Culloch lui doit, témoignent suffisamment qu'il ne convient pas moins à la grande république américaine.

(1) Nous ne demandons pas des droits exorbitants; nous voulons seulement qu'ils soient *suffisamment* protecteurs.

D'un autre côté, que le libre-échange soit contraire aux intérêts de notre pays, nous l'avons complètement prouvé en analysant les faits qui se sont produits depuis sa mise en vigueur.

Vous déclarez, nous dira-t-on, que le libre-échange est une erreur économique et qu'il nuit aux intérêts de la France, et pourtant vous reconnaissez qu'il est favorable à l'Angleterre. Oui, nous reconnaissons qu'il lui est favorable, du moins quant à présent. Nous ne voulons pas examiner ici ce qu'il deviendra pour elle dans l'avenir, quand les peuples, épuisés par la pratique du nouveau système commercial qui tend à s'introniser partout, seront contraints de réduire leur consommation et, par suite, de restreindre leurs achats. Nous reconnaissons donc qu'il lui est favorable en ce moment. Mais quelle autre nation ressemble à l'Angleterre et peut avoir la prétention d'entrer en lice avec elle? Tout le monde, chez elle, naît marin et aime le métier de la mer. D'ailleurs, c'est à la navigation et au commerce extérieur que chacun demande la fortune. Comment pourrait-il en être autrement? En effet, la fortune territoriale est peu étendue; de plus, elle se trouve concentrée en un petit nombre de mains. On ne peut s'enrichir qu'en acquérant des richesses mobilières. Or, la fortune mobilière, en tant qu'elle a pour principe des valeurs d'origine et d'assiette anglaises, est passablement limitée elle-même. Force est donc d'aller chercher cette fortune au dehors. Aussi, que fait le jeune homme qui s'établit et qui a quelques milliers de livres à sa disposition? Il fait construire un navire, l'arme et lui fait courir le monde pour acheter et vendre des produits. Sur quel point de la terre? N'importe. Les Anglais vont partout, abordent partout, sont partout établis. On les trouve sous tous les climats, sous toutes les latitudes, sur toutes les côtes où il y a un port, sur tous les points où un navire peut mouiller. Ils sont représentés en tous lieux et ils ont des comptoirs en tous pays. Non-seulement ils sont devenus les grands messagers de la mer, mais ils en sont aussi les riches et les puissants armateurs; et, considérez où se concentrent tous les produits du monde: c'est en Angleterre. C'est aussi de là qu'ils repartent pour aller se rendre aux lieux de consommation. La Grande-Bretagne est en train de devenir le vaste entrepôt de l'univers. L'Angleterre ne se contente pas de demander des profits à son industrie; pour en obtenir de plus larges, elle s'adresse aussi au négoce, et son négoce prend des proportions gigantesques. Les soies, les laines, les cotons, les sucres, les cafés, tous les produits de grande consommation se trouvent réunis en quantité prodigieuse dans les docks immenses de Londres et de Liverpool, qui sont les grands marchés du globe. Que deviennent nos villes pendant ce temps-là?

Qu'on le leur demande à elles-mêmes. En attendant, voici quelques faits qui prouvent qu'elles sont loin de pouvoir lutter avec les deux grandes cités britanniques. En 1865, l'Egypte a exporté 61,016 balles de coton. Ce coton passait devant Marseille, puisqu'il venait du fond de la Méditerranée. Sur ces 61,016 balles, 1,365 ont abordé dans notre grand port du midi; 791 balles ont été dirigées sur le Havre, tandis que le reste, s'élevant à 58,860 balles, a été expédié à Liverpool.

Ainsi, il y avait à Liverpool quarante fois autant qu'à Marseille, de ce coton qui avait été récolté si près de notre pays. C'est donc à Liverpool, que Lille, Rouen, Mulhouse, devaient aller chercher leurs provisions.

N'en est-il pas de même pour les soies, les châles de l'Inde, les laines de l'Australie et les cafés de toutes les provenances?

La *Presse* du 1er mai 1865, faisant allusion à cet état de choses, posait cette question : « Pourquoi ne cherche-t-on pas par quelle raison Lyon n'est point l'entrepôt des soies de l'Asie, et Paris celui des cachemires de Lahore? N'est-il pas étrange que les matières premières que Lyon doit mettre en œuvre et que des tissus précieux dont Paris accapare les sept-huitièmes, aillent préalablement faire une longue et inutile station dans les docks de Londres? »

Les *Annales du Commerce extérieur* en parlant, dans un de leurs numéros de l'année dernière, des soies qui viennent de l'extrême Orient et qui avaient été expédiées de Chine, par Sanghaï, pendant les années 1863 et 1864, constataient que la quantité de ce précieux textile avait été de 32,000 balles. Sur ce chiffre, dont la France consomme au moins la moitié, faisaient remarquer les *Annales*, 3,733 balles, soit un sixième environ de l'envoi total, ont été exportées directement en France. Le surplus a été acheté par les Anglais et importé à Londres, où nos manufacturiers ont dû aller le chercher.

N'est-ce pas par la voie d'Angleterre que nous faisons aujourd'hui une partie de nos exportations?

Plus nous allons, plus le commerce français se fait de seconde main. Il est évident que les intermédiaires auxquels il s'adresse, réclament un bénéfice; il est également incontestable que les matières premières lui coûtent plus cher que s'il les achetait lui-même sur les lieux de production, et que les produits qu'il exporte lui donnent des profits moins grands que s'il les vendait directement aux négociants des pays où ils sont consommés.

L'Angleterre a donc un vaste commerce extérieur et une marine puissante qui lui permettent de déverser ses produits au dehors, de manière qu'elle peut, jusqu'à un certain point, défier les engorgements et les excès de production. Cependant elle a aussi du trop plein dans certaines industries. Dans ces conditions, le libre-échange doit donc lui être favorable, puisqu'il lui livre tous les marchés du monde.

La plupart des industries souffrent, avons-nous dit; mais, au moins, l'industrie parisienne, elle, qui ne pouvait redouter aucune rivale, à en croire ce qu'on affirmait, doit, sans aucun doute, jouir d'une prospérité incomparable?

Voici ce qu'en disait le *Moniteur Industriel* dans son numéro du 6 août 1865 :

« Le nombre, tous les jours, plus grand des faillites est un indice du mal dont souffrent l'industrie et le commerce parisiens; mais il n'en est qu'un faible indice à cause des difficultés à obtenir des déclarations de faillites et des nombreuses transactions à tout prix, qui ont lieu plus ou moins à l'amiable. »

Nous ne pensons pas que la situation se soit beaucoup améliorée depuis lors; nous ne voulons d'autre preuve, que l'état que le portefeuille de la Banque garde depuis si longtemps.

Et notre marine marchande, si nous considérions son état, qu'aurions-nous à en dire, si ce n'est qu'elle tend à décroître chaque jour. Nous sommes battus dans tous nos rapports avec les nations qui ont une marine commerciale de quelque importance, telles que la Russie, la Suède, le Zollverein, les Pays-Bas, l'Espagne, l'Autriche, les Etats-Unis, et surtout l'Angleterre. Nous l'emportons, il est vrai, sur le Chili, le Pérou, le Brésil, le Paraguay, l'Egypte, c'est-à-dire sur les peuples qui, à proprement parler, n'ont pas de marine marchande. Cela ne doit-il pas suffire à notre amour-propre? Et encore les transports pour lesquels nous avons actuellement le privilége dans nos relations avec l'Amérique du Sud, les conserverons-nous quand la nouvelle loi sur la marine sera appliquée? Nous ne le croyons pas.

De 1858 à 1863, notre marine a diminué de 67,000 tonneaux.

Dans notre navigation avec l'étranger, le pavillon français a gagné 22 navires, tandis que le pavillon étranger prenait un accroissement de 1,369, dont 1,138 navires dans nos rapports avec les pays d'Europe, et 231 dans nos relations avec les autres pays.

En 1864, le développement de la marine étrangère continue. Dans le mouvement total de notre commerce maritime, étant de 6,998,000 tonneaux, elle en prend 4,433,000, tandis que la marine française se contente de 2,565,000.

Pour ne considérer que la marine anglaise, nous dirons que, depuis le traité de commerce de 1860, notre marine a toujours perdu dans sa lutte avec elle. En 1858, le pavillon français figurait pour 703,000 tonneaux, tandis que celui de la Grande-Bretagne représentait un chiffre de 1,703,000 tonneaux. En 1863, nos transports tombent à 650,000 tonneaux, mais ceux de l'Angleterre s'élèvent à 2,350,000 tonneaux. En six ans nous avons perdu 47,000 tonneaux; dans le même temps, notre voisine en a gagné 564,000.

Notre effectif naval va en décroissant. Il était à 985,000 tonneaux en 1863, après avoir atteint 1,052,535 tonneaux en 1858.

Dans cette même année 1863, l'effectif total de l'Angleterre atteignait 5,328,000 tonneaux, sans y comprendre la masse des petits bâtiments, tandis que nous faisons entrer les plus petites barques de pêche et de rivière dans nos 985,000 tonneaux.

A la même date, l'Angleterre possédait une marine à vapeur qui comprenait 2,298 steamers, jaugeant 596,000 tonneaux, tandis que la France n'en avait que 345, jaugeant 84,000 tonnes.

Dans le compte-rendu de ses travaux de l'année 1863, dressé en 1864, la Chambre de Commerce du Havre, après avoir constaté le mouvement maritime qui s'était effectué dans le port de cette ville, s'exprimait en ces termes :

« Il résulte de la décomposition des chiffres concernant la statistique du mouvement de la navigation du port du Havre, pendant l'année 1863, que lorsque notre pavillon ne faisait que regagner les 5,000 tonneaux qu'il avait perdus en 1862, le pavillon anglais, qui ne s'était élevé qu'à 211,000 tonneaux en 1862, atteignait, en 1863, 266,000 tonneaux. Cependant l'importation de la houille n'a pas augmenté l'année dernière, et l'accroissement de ce tonnage est dû aux steamers et aux navires à voiles qui nous ont importé des marchandises des entrepôts anglais.

« D'un autre côté, le pavillon neutre a augmenté, en 1863, de 28,000 tonneaux sur l'année précédente. »

Ces chiffres ont leur signification. Tandis que nous restons stationnaires, les étrangers interviennent, de plus en plus, dans les transports des denrées exotiques, qui arrivent en France par le port du Havre.

Après avoir considéré, sous différents aspects, l'état de notre marine marchande pendant l'année 1863, et après avoir montré les difficultés qu'elle épouve pour trouver du fret dans nos propres ports, la Chambre de Commerce du Havre continue ainsi :

« S'il fallait encore démontrer, par un nouvel argument, que cette navigation ne peut être considérée comme une navigation de concurrence effective, on le trouverait dans ce fait, que, le plus souvent, ces frets ne sont offerts à nos navires que sur le refus des armateurs anglais. (Il s'agit du charbon et du sel, considérés comme élément de fret dans nos opérations d'intérieur avec l'étranger) . . . . . . . . . . . . . . . . . . . . . . . .

. . . . . . . . . . . . . . . . . . . . . . . . . . . . . . . . . . . . . . . . . . . . . . . . . . . . . . . . . . . . . . . . . . .

« En présence d'un si faible résultat, ne doit-on pas regretter de voir la vérité des chiffres travestie par les propagateurs de certaine école, qui, pour les besoins de leur cause, prêchent, à l'envi des uns des autres, que la prospérité de notre commerce maritime est aujourd'hui démontrée ; que l'épreuve de la lutte est faite, et que nous pouvons marcher de pair avec le pavillon étranger. Ceci se répète à Paris et dans l'intérieur de la France, et, faute de contradicteurs, l'idée fausse fait son chemin et creuse un abîme où s'engloutiront la marine et le commerce des ports : Les étrangers seuls en profiteront. »

Nous avons beau chercher de tous côtés quelque signe de prospérité, depuis la mise en vigueur d'un commencement de libre-échange (on sait, en effet, qu'il existe encore quelques droits protecteurs qui, malheureusement, sont insuffisants), nous n'en apercevons aucun. Si ce régime commercial compte encore aujourd'hui beaucoup de partisans, il le doit à la presse périodique qui lui prête tous les jours, mais bien à tort suivant nous, son puissant appui.

Les libres-échangistes nous répondront assurément, en énumérant les nombreux bienfaits que nous devons au régime qu'ils patronnent, bienfaits que nous, profane, nous n'avons pas su découvrir. Il est, sans doute, dans la science économique des arcanes dont certains initiés ont seuls le secret. Nous attendons que les libre-échangistes nous les révèlent. Ils ne sauraient croire quel service ils nous rendront, s'ils daignent nous les dévoiler, et surtout s'ils veulent bien établir que nous nous trompons en prétendant que le système protecteur a enrichi la France, et que le régime de la liberté commerciale a déjà commencé sa ruine.

Le libre-échange a bien obtenu quelques succès *momentanés* à Roubaix, à Turcoing, mais cela ne suffit pas. Il faudrait établir que nos industries, en général, ont été favorisées, et que la faveur qu'elles ont obtenue se maintient et promet de se maintenir dans des conditions normales.

Ses partisans prétendraient-ils qu'il donne aux populations la vie à bon marché. Pénétrés de cette pensée, ils ont sollicité et obtenu la liberté de la boulangerie, mais qu'est-il arrivé?

Dans les départements, nous avons vu des maires qui ont jugé utile de rétablir la taxe pour mettre un terme à certains abus. A Paris, le prix du pain s'élève au lieu de s'abaisser. Voici ce qu'on lit à cet égard dans la *Presse* du 19 novembre 1866 ; on sait que ce journal est l'un des ardents instigateurs du libre-échange :

« Sous le régime de la taxe officielle, le prix du pain était de 39 cent. le kilogramme, lorsque le sac de farine coûtait de 68 fr. à 69 fr. 50 cent., et de 40 cent. quand il atteignait 70 fr. Les prix de 40, 42 1/2 et de 45 cent., qu'on le paye aujourd'hui, suivant le quartier qu'on habite à Paris, présentent, comparativement à l'ancien régime, une augmentation qui peut s'élever jusqu'à 15 p. 100. »

La vie, pour l'ouvrier, c'est surtout le pain et les aliments divers. Quant aux autres produits, il en fait un usage restreint et il sait faire durer ceux qu'il emploie. La nourriture est donc son besoin le plus considérable et celui qui absorbe, chaque année, la plus forte partie de son petit budget. Voyez à quel prix sont le beurre, les œufs et la viande. Le prix de ces choses a encore augmenté depuis 1860. Pour le blé, il n'avait pas attendu le libre-échange pour baisser ; il était redescendu dès la fin de 1857. Le libre-échange est donc impuissant à nous donner la vie alimentaire à bon marché ; le contraire paraît se manifester pour la plupart des produits, même pour le blé en ce moment. Eh bien ! Que, au moins, il ne vienne pas réduire un jour les ressources des travailleurs, en suscitant à nos industries des concurrences contre lesquelles elles ne pourront lutter. La vie à bon marché, il ne l'a pas donnée ; le travail abondant et les salaires rémunérateurs, il ne les donnera pas non plus, lorsque les produits *similaires* étrangers pourront arriver, sans obstacle aucun, sur le marché national.

Certes, il est bon aussi que le prix des choses autres que les aliments ne soit pas trop élevé ; mais est-ce que ce prix n'avait pas une tendance prononcée à diminuer rapidement sous le seul aiguillon de la concurrence intérieure ?

Si le travail et les profits diminuent, il s'en faudra bien que les pertes que les travailleurs éprouveront de ce côté soient compensées par le bon marché qu'on pourrait devoir au libre-échange.

Et puis, quand nos industries seront tombées, est-ce que la nation qui aura le monopole de notre marché ne pourra pas relever ses prix même au-delà de ceux qu'on eût payés à nos propres industries, défendues par le régime protecteur.

## VI.

Revenons à l'agriculture. On nous dira : Si vous prétendez que le libre-échange doive enlever le travail aux ouvriers nationaux, l'agriculture pourra se procurer facilement des bras, et l'une des causes de souffrances que vous signalez disparaîtra infailliblement. Evidemment, oui, cette cause de malaise disparaîtra si le libre-échange est maintenu ; mais, quand disparaîtra-t-elle? En attendant, l'agriculture souffre d'un mal véritable dont elle appelle le remède de tous ses vœux. Mais ce remède, s'il était ainsi obtenu, ne serait-il pas pire que le mal lui-même?

Nous avons déclaré que nous redoutions que la disette des blés ne se fasse sentir un jour, et nous avons vu que la production de cette denrée, précieuse entre toutes, avait une tendance à diminuer relativement, pour faire place aux plantes industrielles et commerciales. Cette marche de la production des céréales n'est pas la seule chose qui nous préoccupe ; celle que suit l'éducation du bétail nous inquiète aussi dans une certaine mesure. Et, ce qu'il y a de plus malheureux, c'est que nous croyons que nos inquiétudes à cet égard ne sont que trop fondées.

Jusqu'à l'an dernier, nous entendions dire et répéter partout que la production du bétail allait en augmentant. Des cultivateurs des plus éclairés nous l'affirmaient. Nous n'hésitions pas à ajouter foi à ces déclarations, d'autant mieux que nous vivons dans une contrée agricole où les faits se passent réellement de la sorte, du moins chez les riches et grands cultivateurs. A vrai dire, on ne sait pas trop comment les choses vont chez les petits, ou chez ceux qui sont dans la gêne. Dans tous les cas, il ne faudrait pas juger de l'état de l'agriculture de la France entière par sa situation dans une petite contrée. Nous croyions donc que la quantité de bétail allait en s'accroissant, et qu'il se trouvait en moyenne, dans les fermes, un plus grand nombre de têtes qu'il y a quinze ou vingt ans. Mais, une révélation inattendue a été faite l'année dernière par M. Léonce de Lavergne, et cette révélation nous a enlevé les illusions que nous entretenions à ce sujet.

On sait que le gouvernement fait procéder tous les cinq ans au recensement du bétail. La dernière opération de cette nature, dont les résultats aient été publiés, est celle de 1852. Les résultats fournis par les recensements de

1857 et de 1862, n'ont pas, que nous sachions du moins, été portés à la connaissance du public.

M. Léonce de Lavergne a été amené, par une circonstance quelconque, à prendre communication des tableaux que contient le travail pour 1857. Les enseignements qui en découlent lui ont paru tellement graves, qu'il a cru devoir les signaler à la Société impériale et centrale d'Agriculture de France et du pays tout entier.

Comparé au récensement de 1852, celui de 1857 présenterait les résultats suivants :

Dans l'espèce bovine, il y aurait eu une augmentation (12,765,000 têtes, au lieu de 12,150,000) ; mais les bases n'ayant pas été les mêmes lors des deux récensements, une comparaison exacte n'a pas été possible. Pour les porcs, l'augmentation avait été insignifiante. Les chevaux et les moutons auraient diminué. Pour les moutons, la réduction aurait été effrayante, puisqu'elle aurait atteint le cinquième du chiffre total. Ainsi, au lieu de 33,500,000 têtes, en 1852, on en aurait eu seulement 27,185,000 en 1857.

« Le récensement de 1862, demande le *Moniteur Industriel*, qui nous fournit ces détails, a-t-il donné de meilleurs résultats? Nous l'ignorons. L'administration seule pourrait nous l'apprendre, en faisant connaître les nouveaux chiffres qu'elle a réunis. Puisque les résultats du récensement de 1857 ont été divulgués, il est de son intérêt de publier ceux de 1862. Si elle persistait à garder le silence, on serait porté à croire qu'elle ne se tait que parce qu'elle n'a rien de bon à nous communiquer. »

Cette publication a-t-elle été faite? Nous ne saurions le dire ; cependant nous ne le croyons pas.

La cause de cette réserve serait-elle donc celle qu'insinue le journal?

Eh bien! quels qu'aient été les résultats des récensements de 1857 et de 1862, nous craignons, pour celui de 1867, des résultats plus désastreux encore. Comme on le sait, l'agriculture a beaucoup souffert depuis quelques années. Dans cette position, il lui a été difficile de trouver du crédit. En de telles circonstances, que fait-elle pour payer ses dettes et pour acquitter ses fermages? Elle aliène une partie du mobilier destiné à l'exploitation. Elle ne peut vendre ni la charrue avec laquelle on fait le labour, ni le tombereau qu'on emploie au transport des fumiers, ni la voiture qui sert à charier les récoltes. Elle vend une partie de ses bestiaux. Le fermier qui a une exploitation qui exige cinq ou six chevaux, en vend un et peut-être deux ; si son exploitation comporte douze ou quinze vaches, il en vend trois ou quatre, et peut-être va-t-il jusqu'à cinq ; et, encore, il arrive quelquefois que les bêtes à cornes qui lui restent maintenant, sont moins bonnes et moins pesantes que celles qu'il avait précédemment, de sorte qu'elles donneront moins de viande à la boucherie. Les choses se passent de la même manière dans les fermes qui ont des troupeaux de bêtes ovines. Dans les mauvais jours, le cultivateur qui possède pour toute fortune son matériel de ferme, qui est quelquefois déjà grevé d'un passif plus ou moins élevé, ne peut emprunter que sur lui-même, c'est-à-dire sur son mobilier. Il va au plus pressé et il agit ainsi dans l'espoir de temps meilleurs. En attendant, son effectif en bétail diminue. Les choses se sont ainsi passées en ces dernières années dans un grand nombre de fermes. Les chiffres du récensement de 1867 devront s'en ressentir considérablement. Et puis, voyez les conséquences qui dérivent de ces souffrances et de ces besoins de l'agriculture. Avec moins de bestiaux, le fermier fait moins d'engrais ; avec moins d'engrais, les récoltes deviennent moins abondantes ; et puis, avec moins de fourrages, on arrive plus tard à nourrir moins de têtes d'animaux, lors même qu'on aurait de l'argent.

La quantité de bétail a dû diminuer en France, depuis 1862, à cause du malaise de l'agriculture ; elle a dû diminuer par suite de l'extension de la culture des plantes commerciales ; enfin, elle a encore dû diminuer sous l'influence de l'exportation que nous avons faite pour subvenir, jusqu'à une certaine concurrence, à l'alimentation de nos voisins d'Outre-Manche, qui ont éprouvé de si grands besoins en présence de la maladie qui décimait leurs vaches et leurs bœufs.

Que la culture des plantes industrielles ait pour conséquence d'amener la pénurie des produits agricoles, cela ne saurait être douteux. Il suffit pour s'en convaincre de considérer quel est, en ce moment, l'état de la production dans la plaine de Caen. Les cultivateurs de cette région ont fait pendant longtemps de grandes quantités de colza. Aujourd'hui, leur terre est épuisée et elle est loin de donner les produits d'autrefois, soit en blé, soit en colza, soit en tout autre denrée.

Le public a le plus grand intérêt à connaître les résultats des récensements qui sont effectués, parce que si la société voit un mal quelconque se produire, elle peut chercher à l'avance à le conjurer, en cherchant de quel côté elle doit spécialement diriger ses efforts. Les surprises et les événements qui arrivent à l'improviste sont toujours à redouter.

Nous avons expliqué que le commerce et l'industrie souffrent autant que l'agriculture ; nous avons établi l'existence réelle de leurs maux en faisant voir les résultats de la balance, la marche de nos impôts indirects et l'état de la Bourse depuis quelques années. Malgré leurs souffrances, nos commerçants et nos industriels soutiennent énergiquement la lutte en attendant, chaque jour, des temps meilleurs. Les uns, convertis au libre-échange, car il y en a de libres-échangistes espèrent qu'une amélioration doit infailliblement se manifester un jour ou l'autre ; les autres, au contraire, partisans du système protecteur, demeurent sur la brèche avec l'espoir que le traité de commerce qui nous lie avec l'Angleterre, ne sera pas renouvelé. Plaise à Dieu qu'ils puissent soutenir la lutte jusqu'au bout et en sortir à leur avantage.

Nous n'avons fait qu'effleurer les questions importantes que nous avons touchées. Nous nous proposons d'y revenir prochainement et de leur donner le développement qu'elles peuvent comporter, dans des études plus étendues.

Rouen. — Imprimerie de F. et A. LECOINTE Frères, rue Saint-Nicolas, 30.

www.ingramcontent.com/pod-product-compliance
Lightning Source LLC
LaVergne TN
LVHW012004160826
845678LV00002B/687

* 9 7 8 2 3 2 9 6 7 9 7 1 6 *